Carlos Humberto Soares Júnior

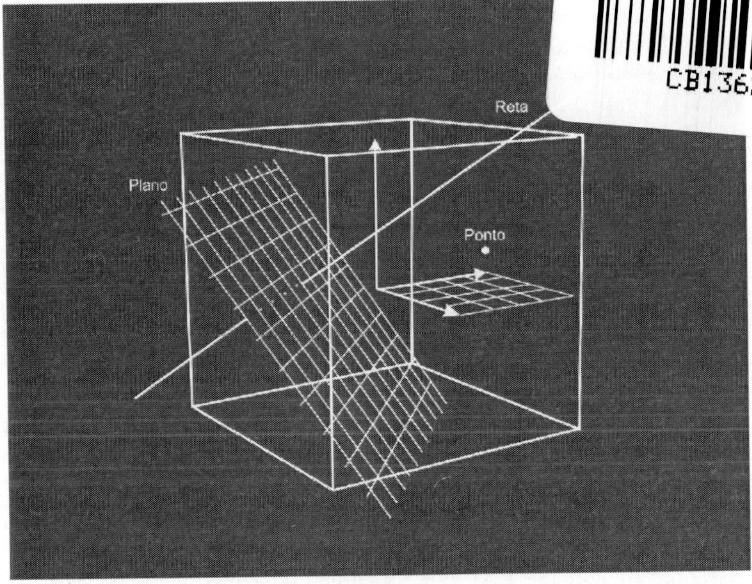

Notas de Álgebra Linear

Editora Ciência Moderna

Notas de Álgebra Linear

Editor: Paulo André P. Marques
Produção Editorial: Dilene Sandes Pessanha
Capa: Daniel Jara
Diagramação: Daniel Jara
Copidesque: Equipe Ciência Moderna

FICHA CATALOGRÁFICA

SOARES JÚNIOR, Carlos Humberto.

Notas de Álgebra Linear

Rio de Janeiro: Editora Ciência Moderna Ltda., 2021.

1. Álgebra Linear
I — Título

ISBN: 978-65-5842-088-0 CDD 512.5

Editora Ciência Moderna Ltda.
R. Alice Figueiredo, 46 – Riachuelo
Rio de Janeiro, RJ – Brasil CEP: 20.950-150
Tel: (21) 2201-6662/ Fax: (21) 2201-6896
E-MAIL: LCM@LCM.COM.BR
WWW.LCM.COM.BR **08/21**

Sumário

Prefácio

Este livro nasceu a partir de minhas notas de aula as quais foram inicialmente escritas com o objetivo de servir de material bibliográfico de baixo custo para os alunos das disciplinas de álgebra linear da Universidade Federal do Piauí. Os assuntos aqui abordados consistem no que considero o conhecimento mínimo que um estudante de graduação em matemática deve ter ao final de seu curso.

Cada capítulo está recheado com exercícios os quais ajudam a desenvolver as habilidades técnicas necessárias. Alguns exercícios servem de base para ampliar o conhecimento. O apêndice também tem essa finalidade, além de servir de material para debates e seminários.

No capítulo 1 definimos as estruturas algébricas básicas como grupos, anéis, domínios de integridade e corpos. Seu objetivo é dar uma compreensão geral dessas estruturas, pois a maioria dos livros de álgebra linear voltados para a graduação se preocupa exclusivamente com os espaços vetoriais reais, enquanto neste livro consideramos espaços vetoriais sobre um corpo arbitrário, tendo como foco principal os espaços vetoriais reais e complexos.

O capítulo 2 é dedicado às definições, propriedades e primeiros resultados sobre espaços e subespaços vetoriais sobre um corpo.

Avançando no entendimento dos espaços vetoriais temos o capítulo 3, no qual desenvolvemos a teoria de bases e dimensões.

No capítulo 4 consideraremos as funções naturais entre espaços vetoriais, ou seja, as transformações que preservam a estrutura do espaço vetorial. Estudamos alguns de seus aspectos tais como suas representações matriciais, seus autovalores, autovetores, autoespaços associados e o polinômio característico. Também neste capítulo é apresentado o teorema do núcleo e da imagem o qual conecta o estudo das transformações lineares com o estudo de dimensão.

No capítulo 5 estudaremos um tipo particular de operador linear, os operadores diagonalizáveis, cuja representação matricial se comporta, em certo sentido, como um escalar, tornando o estudo mais simples.

Noções mais refinadas como distância e ângulos estão presentes no capítulo 6, onde estudamos os espaços vetoriais Euclidianos. Também abordamos a ortogonalidade e o processo de Gram-Schmidt o qual nos permite construir uma base ortogonal a partir de uma base qualquer de um espaço vetorial.

O capítulo 7 é dedicado ao teorema espectral o qual afirma que operadores autoadjuntos são diagonalizáveis.

Carlos Humberto Soares Júnior

Capítulo 1

Estruturas algébricas

"de um poeta famoso, eu mesmo, que só escrevi um poema na vida"

Michael Atiyah

1.1 Grupos e subgrupos

Definição 1.1.1 *Um* ***grupo*** *é um conjunto não vazio G munido de uma operação $* : G \times G \to G$ satisfazendo as seguintes propriedades:*

1. **Associatividade:** $(a * b) * c = a * (b * c), \forall a, b, c \in G$;

2. **Existência de elemento neutro:** *Existe um elemento* $e \in G$ *tal que* $a * e = e * a = a, \forall a \in G$;

3. **Existência de elemento oposto:** *Dado* $a \in G$, *existe* $b \in G$ *tal que* $a * b = b * a = e$;

Além disso, um grupo G é chamado de ***grupo Abeliano (ou comutativo)*** *se também satisfaz a propriedade:*

4. **Comutatividade:** $a * b = b * a, \forall a, b \in G$.

Observação: Quando for necessário usamos a notação $(G, *)$ para indicar que G é um grupo e $*$ é a operação neste grupo.

Exercício 1.1.2 *Dado um grupo G, mostre que os elementos neutro e oposto são únicos.*

Observação: Devido ao exercício anterior, usaremos a notação a^{-1} para indicar o elemento oposto de a.

Definição 1.1.3 *Dado um grupo G, um* ***subgrupo de*** *G é um subconjunto H satisfazendo as seguintes propriedades:*

1. $e \in H$;
2. *dados $a, b \in H$ tem-se que $a * b^{-1} \in H$.*

Exemplo 1.1.4 $\mathbb{R}^2 := \{(x, y) \;/\; x, y \in \mathbb{R}\}$ *com a soma*

$$(x_1, y_1) + (x_2, y_2) = (x_1 + x_2, y_1 + y_2)$$

é um grupo abeliano.

De fato, basta observar que:

- *Vale a associatividade, pois*

$$\begin{aligned}[(x_1,y_1)+(x_2,y_2)]+(x_3,y_3) &= (x_1+x_2,y_1+y_2)+(x_3,y_3)\\ &= ((x_1+x_2)+x_3,(y_1+y_2)+y_3)\\ &= (x_1+(x_2+x_3),y_1+(y_2+y_3))\\ &= (x_1,y_1)+(x_2+x_3,y_2+y_3)\\ &= (x_1,y_1)+[(x_2,y_2)+(x_3,y_3)];\end{aligned}$$

- *O elemento neutro é* $e=(0,0)$ *pois*

$$(x,y)+e=(x,y)+(0,0)=(x,y);$$

- *O oposto do elemento* (x,y) *é o elemento* $(-x,-y)$ *pois*

$$(x,y)+(-x,-y)=(0,0);$$

- *Vale a comutatividade, pois*

$$\begin{aligned}(x_1,y_1)+(x_2,y_2) &= (x_1+x_2,y_1+y_2)\\ &= (x_2+x_1,y_2+y_1)\\ &= (x_2,y_2)+(x_1,y_1).\end{aligned}$$

Exemplo 1.1.5

1. *São também exemplos de grupos os conjuntos*

$$(\mathbb{Z},+),(\mathbb{Q},+),(\mathbb{R},+),(\mathbb{C},+) \text{ e } (S_n,\circ),$$

em que S_n *é formado pelas permutações de* n *elementos;*

2. *São subgrupos de* $\mathbb{Z}$ *todos os subconjuntos* $nZ = \{nx \mid x \in \mathbb{Z}\}$, *com* n *inteiro não negativo;*

3. $(\mathbb{Z}, +)$, $(\mathbb{Q}, +)$ *e* $(\mathbb{R}, +)$ *são subgrupos de* $(\mathbb{C}, +)$.

1.2 Anéis, subanéis e ideais

Definição 1.2.1 *Seja* A *um conjunto não vazio no qual estão definidas as operações de soma e produto*

$$+ : A \times A \to A \quad e \quad \cdot : A \times A \to A.$$

Diremos que A *é um* ***anel*** *quando são satisfeitas as seguintes propriedades:*

1. $(A, +)$ *é um grupo abeliano;*

2. **Associatividade do produto:** $(a.b).c = a.(b.c), \forall a, b, c \in A$;

3. **Distributividades:** $a.(b+c) = a.b+a.c$ *e* $(a+b).c = a.c+b.c$, $\forall a, b, c \in A$.

O anel A *é dito um* ***anel com unidade*** *quando:*

4. **Existência de elemento relativo ao produto:** *Existir um elemento* $1 \in A$ *tal que* $1.a = a.1 = a, \forall a \in A$;

Além disso, o anel A *será chamado de* ***anel comutativo*** *quando:*

5. $a.b = b.a, \forall a, b \in A$.

Observação: Em geral usamos a notação $(A, +, \cdot)$ para indicar o anel A. Quando não houver risco de interpretações errôneas usaremos simplesmente A.

Exemplo 1.2.2 *São exemplos de anéis os conjuntos* $(\mathbb{Z}, +, \cdot)$ *e* $(M_{n\times n}(\mathbb{R}), +, \cdot)$, *em que* $M_{n\times n}(\mathbb{R})$ *é o conjunto das matrizes reais quadradas de ordem* n. *O primeiro é um anel comutativo com unidade e o segundo é um anel com unidade mas, não é comutativo.*

Proposição 1.2.3 *Seja* $(A, +, .)$ *um anel. Então, para todo* $a, b \in A$ *tem-se:*

1. $0.a = a.0 = 0$;
2. $(-a).b = a.(-b) = -(a.b)$;
3. $(-a).(-b) = a.b$.

Definição 1.2.4 *Sejam* A *um anel e* B *um subconjunto de* A. *Diremos que* B *é um* ***subanel*** *de* A *quando, com as operações induzidas de* A, B *também for um anel.*

Exemplo 1.2.5

1. $\{0\}$ *e* A *são subanéis de* A;
2. *Dados* $x_1, \ldots, x_n$ *em um anel* A, *o conjunto*

$$B := \{a_1x_1 + \cdots + a_nx_n \ / \ a_i \in A\}$$

é um subanel de A.

Observação: No que se segue trabalharemos apenas com anéis comutativos com unidade.

Definição 1.2.6 *Um **ideal** I de um anel A é um subconjunto de A tal que:*

1. $(I,+)$ *é um grupo aditivo;*

2. $IA \subset I$, *i.e.*, $a.x \in I, \forall a \in A$ *e* $\forall x \in I$.

Definição 1.2.7 *Sejam A um anel e I um ideal de A. Definimos em A a relação*

$$a \equiv b\ (\ mod\ I) \Leftrightarrow a - b \in I.$$

Lê-se a congruente à b módulo I.

Exercício 1.2.8 *Mostre que a relação anterior é uma relação de equivalência.*

Observe que se $\overline{x}$ é a classe de equivalência módulo I, do elemento $x \in A$, então teremos:

$$\begin{aligned} \overline{x} &= \{y \in A\ /y - x \in I\} \\ &= \{y \in A\ /\ y - x = a \in I\} \\ &= \{x + a\ /\ a \in I\}. \end{aligned}$$

Por esse motivo, algumas vezes usamos a notação $x + I$, ao invés de $\overline{x}$, para denotar a classe de equivalência do elemento $x \in A$ módulo I.

Definição 1.2.9 *Sejam A um anel e I um ideal de A. Definimos o* ***anel quociente*** *A/I como sendo o conjunto de todas as classes de equivalências módulo I dos elementos de A, com as operações induzidas:*

$$\overline{x}+\overline{y}=\overline{x+y} \quad e \quad \overline{x}.\overline{y}=\overline{x.y}.$$

Exercício 1.2.10 *Mostre que as operações acima de fato estão bem definidas e que, com estas operações, A/I é um anel.*

Definição 1.2.11 *Um elemento x em um anel A é dito uma* ***unidade*** *quando este divide 1, i.e., quando $x.y = 1$ para algum $y \in A$.*

Exercício 1.2.12 *Seja $x \in A$ uma unidade. Mostre que o elemento $y \in A$ tal que $x.y = 1$ é unicamente determinado por x.*

Por causa do exercício anterior, usaremos a notação x^{-1} para designar o elemento y do exercício acima.

Exercício 1.2.13 *Mostre que o conjunto das unidades de um anel A forma um grupo abeliano.*

Exercício 1.2.14 *Fixemos um elemento $x \in A$. Mostre que o conjunto $\langle x\rangle$ definido por*

$$\langle x\rangle := \{a.x;\ a \in A\}$$

é um ideal de A. Além disso, mostre que x é uma unidade se, e somente se, $\langle x\rangle = A = \langle 1\rangle$.

1.3 Domínios e corpos

Definição 1.3.1 *Um conjunto não vazio D, munido de operações de soma e produto*

$$+ : D \times D \to D \quad e \quad \cdot : D \times D \to D,$$

é chamado de ***domínio de integridade*** *quando* $(D, +, \cdot)$ *for um anel comutativo com unidade sem divisores de zero, isto é, D satisfaz a seguinte propriedade:*

$$\textit{Dados } x, y \in D, \textit{ com } xy = 0 \textit{ então } x = 0 \textit{ ou } y = 0.$$

Exemplo 1.3.2

O conjunto dos números inteiros com a soma e o produto usuais é um exemplo de um domínio de integridade.

Definição 1.3.3 *Um conjunto não vazio* $\mathbb{K}$*, munido de operações de soma e produto*

$$+ : \mathbb{K} \times \mathbb{K} \to \mathbb{K} \quad e \quad \cdot : \mathbb{K} \times \mathbb{K} \to \mathbb{K},$$

é chamado de ***corpo*** *quando* $(\mathbb{K}, +, \cdot)$ *for um domínio de integridade e satisfizer a propriedade abaixo.*

$$\forall\, x \in \mathbb{K} - \{0\}, \exists\, y \in \mathbb{K} \textit{ tal que } xy = 1.$$

Exemplo 1.3.4

$(\mathbb{Q}, +, \cdot)$, $(\mathbb{R}, +, \cdot)$ e $(\mathbb{C}, +, \cdot)$ são exemplos de corpos, enquanto $(\mathbb{Z}, +, \cdot)$ é um domínio de integridade mas, não é um corpo.

Capítulo 2

Espaços vetoriais

2.1 Definição e exemplos

Definição 2.1.1 *Um* ***espaço vetorial*** *sobre um corpo* $\mathbb{K}$ *é um conjunto não vazio* V *munido de operações de soma vetorial e produto por escalar*

$$+ : V \times V \to V \quad e \quad \cdot : \mathbb{K} \times V \to V$$

satisfazendo as seguintes propriedades:

1. V*, com a soma vetorial* $+$*, é um grupo Abeliano;*
2. $(\alpha\beta)v = \alpha(\beta v)$*, para quaisquer* $\alpha, \beta \in \mathbb{K}$ *e* $v \in V$*;*
3. *Valem as leis de distributividade: para* $\alpha, \beta \in \mathbb{K}$ *e* $u, v \in V$*,*

$$(\alpha + \beta)u = \alpha u + \beta u \quad e \quad \alpha(u + v) = \alpha u + \alpha v;$$

4. $1.v = v$*, para todo* $v \in V$*, em que* 1 *é a unidade de* $\mathbb{K}$*.*

Desta forma, para que um conjunto não vazio V munido de operações de soma vetorial e produto por escalar seja um espaço vetorial, devemos verificar se valem as oito propriedades abaixo.

ev1) $u + v = v + u$ para quaisquer $u, v \in V$;

ev2) $u + (v + w) = (u + v) + w$ para quaisquer $u, v, w \in V$;

ev3) Existe um elemento $e \in V$ tal que $u+e = u$ para todo $u \in V$;

ev4) Para cada $u \in V$ existe $v \in V$ tal que $u + v = e$;

ev5) $(\alpha\beta)v = \alpha(\beta v)$, para quaisquer $\alpha, \beta \in \mathbb{K}$ e $v \in V$;

ev6) Para $\alpha, \beta \in \mathbb{K}$ e $u, v \in V$, $(\alpha + \beta)u = \alpha u + \beta u$;

ev7) $\alpha(u + v) = \alpha u + \alpha v$ para quaisquer $u, v \in V$ e $\alpha \in \mathbb{K}$;

ev8) $1.v = v$, para todo $v \in V$, em que 1 é a unidade de $\mathbb{K}$.

Os elementos de um espaço vetorial são chamados de ***vetores*** e os elementos do corpo $\mathbb{K}$ são chamados de ***escalares***. Chamaremos V de ***espaço vetorial real*** ou ***espaço vetorial complexo*** conforme $\mathbb{K}$ seja o corpo $\mathbb{R}$ ou $\mathbb{C}$, respectivamente.

Exemplo 2.1.2 $\mathbb{R}^2 := \{(x, y) \ / \ x, y \in \mathbb{R}\}$ *com a soma*

$$(x_1, y_1) + (x_2, y_2) = (x_1 + x_2, y_1 + y_2)$$

e o produto

$$\alpha(x, y) = (\alpha x, \alpha y), \quad \alpha \in \mathbb{K}$$

é um espaço vetorial.

De fato, vimos no exemplo 1.1.4 que $(\mathbb{K}^2, +)$ *é um grupo abeliano. Além disso:*

- $$\begin{aligned}(\alpha\beta)(x,y) &= ((\alpha\beta)x,(\alpha\beta)y)\\ &= (\alpha(\beta x),\alpha(\beta y))\\ &= \alpha(\beta x,\beta y)\\ &= \alpha(\beta(x,y));\end{aligned}$$

- *valem as distributividades:*

$$\begin{aligned}(\alpha+\beta)(x,y) &= ((\alpha+\beta)x,(\alpha+\beta)y)\\ &= (\alpha x+\beta x,\alpha y+\beta y)\\ &= (\alpha x,\alpha y)+(\beta x,\beta y)\\ &= \alpha(x,y)+\beta(x,y);\end{aligned}$$

$$\begin{aligned}\alpha((x_1,y_1)+(x_2,y_2)) &= \alpha(x_1+x_2,y_1+y_2)\\ &= (\alpha(x_1+x_2),\alpha(y_1+y_2))\\ &= (\alpha x_1+\alpha x_2,\alpha y_1+\alpha y_2)\\ &= (\alpha x_1,\alpha y_1)+(\alpha x_2,\alpha y_2)\\ &= \alpha(x_1,y_1)+\alpha(x_2,y_2).\end{aligned}$$

- *O oposto de um elemento* (x,y) *é o elemento* $(-x,-y)$ *pois* $(x,y)+(-x,-y)=(0,0)$*;*

- *Vale a comutatividade pois*

$$\begin{aligned}(x_1,y_1)+(x_2,y_2) &= (x_1+x_2,y_1+y_2)\\ &= (x_2+x_1,y_2+y_1)\\ &= (x_2,y_2)+(x_1,y_1);\end{aligned}$$

- $$1(x,y)=(1x,1y)=(x,y).$$

Portanto $(\mathbb{K}^2,+,\cdot)$ *é um espaço vetorial sobre* $\mathbb{K}$.

Exemplo 2.1.3 *Generalizando,*

$$\mathbb{K}^n := \{(x_1,\ldots,x_n)\ /\ x_i\in\mathbb{K}, \forall i=1,\ldots,n\}$$

com a soma

$$(x_1,...,x_n)+(y_1,...,y_n)=(x_1+y_1,\ldots,x_n+y_n)$$

e o produto

$$\alpha(x_1,\ldots,x_n)=(\alpha x_1,\ldots,\alpha x_n),\quad \alpha\in\mathbb{K}$$

é um espaço vetorial sobre o corpo $\mathbb{K}$, *com elemento neutro* $e = (0,\ldots,0)$ *e o oposto de* $(x_1,\ldots,x_n)$ *é o vetor* $(-x_1,\ldots,-x_n)$.

Exemplo 2.1.4 *O conjunto* $\mathbb{K}[x]$ *formado por todos os polinômios com coeficientes sobre o corpo* $\mathbb{K}$, *com as operações usuais de soma de polinômios e produto de polinômios por um escalar, é um espaço vetorial sobre* $\mathbb{K}$.

Exemplo 2.1.5 *O conjunto $M_{n\times m}(\mathbb{K})$ formado, por todas as matrizes com n linhas e m colunas, com coordenadas sobre o corpo $\mathbb{K}$, munido das operações usuais de soma de matrizes e produto de matriz por um escalar, é um espaço vetorial sobre $\mathbb{K}$.*

Proposição 2.1.6 *Em um espaço vetorial V sobre o corpo $\mathbb{K}$ o vetor nulo e o oposto são únicos.*

Demonstração: Primeiramente, suponhamos que 0_1 e 0_2 são vetores nulos em V. Então, como 0_1 é vetor nulo, temos que $0_1+0_2 = 0_2$. Da mesma forma, como 0_2 é vetor nulo, temos que $0_1 + 0_2 = 0_1$. Desta forma, concluímos que $0_1 = 0_2$.

Agora, fixado um vetor $u \in V$ suponhamos que v e w são opostos de u. Então,

$$v = v + 0 = v + (u + w) = (v + u) + w = 0 + w = w$$

■

Observação: A proposição acima nos possibilita denotar o vetor nulo simplesmente por 0 e o oposto do vetor $u \in V$ por $-u$ sem perigo de causarmos interpretações errôneas.

2.1.1 Propriedades

Na proposição seguinte listaremos algumas propriedades dos espaços vetoriais as quais nos ajudarão a fazer cálculos com vetores.

Proposição 2.1.7 *Seja V um espaço vetorial sobre o corpo $\mathbb{K}$. Então, são válidas as seguintes afirmativas.*

a) Para qualquer $\alpha \in \mathbb{K}$*, tem-se que* $\alpha.0 = 0$*;*

b) Dado qualquer vetor $u \in V$ *tem-se que* $0u = 0$*;*

c) Se $\alpha u = 0$ *então* $\alpha = 0$ *ou* $u = 0$*;*

d) $(-\alpha)u = \alpha(-u) = -(\alpha u)$ *para quaisquer* $\alpha \in \mathbb{K}$ *e* $u \in V$*;*

e) Para qualquer $u \in V$*, tem-se que* $-(-u) = u$*;*

f) Se $u, v, w \in V$ *são tais que* $u + w = v + w$ *então* $u = v$*;*

g) Se $u, v \in V$ *então existe um único vetor* $w \in V$ *tal que* $u + w = v$*.*

Demonstração: *a*) Observe que $\alpha.0 = \alpha(0 + 0) = \alpha.0 + \alpha.0$. Portanto $\alpha.0 = 0$;

b) Tem-se que $0u = (0 + 0)u = 0u + 0u$. Desta forma $0u = 0$;

c) Supondo $\alpha \neq 0$, tem-se

$$u = 1.u = (\alpha^{-1}.\alpha)u = \alpha^{-1}.(\alpha.u) = \alpha^{-1}.0 = 0;$$

d) Observe que

$$\alpha u + (-\alpha)u = (\alpha + (-\alpha))u = 0u = 0.$$

Portanto $(-\alpha)u$ é o oposto de αu, isto é, $(-\alpha)u = -(\alpha u)$. De forma análoga, podemos mostrar que $\alpha(-u) = -(\alpha u)$. Deixaremos essa tarefa para o leitor;

e) Segue-se do fato de u ser o oposto de $-u$;

f) De $u + w = v + w$ segue-se que $(u + w) + (-w) = (v + w) + (-w)$ e, portanto, $u + (w + (-w)) = v + (w + (-w))$. Logo $u = v$;

$g)$ basta tomar $w = v + (-u)$. ■

Observação: Usualmente denotamos por $u - v$ a soma vetorial $u + (-v)$.

Exercício resolvido 2.1.8 *Seja V um espaço vetorial sobre o corpo $\mathbb{K} = \mathbb{R}$ ou $\mathbb{C}$. Mostre que se $V \neq \{0\}$ então V tem infinitos elementos.*

Solução: Tomemos $v \in V$, com $v \neq 0$, e escalares $\alpha, \beta \in \mathbb{K}$. Então

$$\alpha v = \beta v \Rightarrow (\alpha - \beta)v = 0 \Rightarrow \alpha = \beta.$$

Portanto, o conjunto $[v] := \{\alpha v \ / \ \alpha \in \mathbb{K}\}$ é infinito e está contido em V. Logo, V é infinito. □

Exercícios propostos 2.1.9

1. Seja W um subconjunto do espaço vetorial V sobre $\mathbb{K}$, tal que $W \subset V$ e W é um espaço vetorial com as mesmas operações de V. Defina uma relação entre os vetores de V por

$$u \sim v(mod\ W) \Longleftrightarrow u - v \in W.$$

   (a) Verifique que $\sim$ é uma relação de equivalência (simétrica, reflexiva e transitiva);

   (b) Denote por $\bar{u}$ a classe de equivalência que contém $u \in V$ e por V/W o conjunto formado por todas as classes de equivalência. Defina as operações em V/W:

$$\overline{u} + \overline{v} = \overline{u + v}$$

   e

$$\alpha\overline{u} = \overline{\alpha u},$$

   onde α é um escalar em $\mathbb{K}$. Mostre que as operações acima definem uma estrura de espaço vetorial sobre $\mathbb{K}$ no conjunto V/W.

   Com essa estrutura V/W será chamado de espaço quociente.

2. Seja $V = \mathbb{K}^2$ em que $\mathbb{K} = \mathbb{R}$ ou $\mathbb{C}$ e defina a adição vetorial e a multiplicação por escalar da seguinte forma:

   Se $u = (x_1, y_1)$ e $v = (x_2, y_2)$, então defina

$$u + v = (x_1 + x_2, y_1 + y_2)$$

e se $\alpha \in \mathbb{K}$ defina

$$\alpha u = (\alpha x_1, 0).$$

Mostre que $\mathbb{K}^2$ não é um espaço vetorial sobre $\mathbb{K}$.

3. Mostre que $\mathbb{C}$ é um espaço vetorial real, onde a soma vetorial e o produto por escalar são definidos por:

$$(a_1 + ib_1) + (a_2 + ib_2) = (a_1 + a_2) + i(b_1 + b_2) \quad \text{e}$$

$$\alpha(a_1 + ib_1) = (\alpha a_1) + i(\alpha b_1),$$

com $a_j, b_j, \alpha \in \mathbb{R}$, $j = 1, 2$.

4. Mostre que $F(\mathbb{K}) = \{f : \mathbb{K} \to \mathbb{K} \ / \ f \text{ é uma função}\}$, o conjunto das funções de $\mathbb{K}$, com a operação de adição vetorial definida por:

$$(f + g)(x) = f(x) + g(x); \ \forall f, g \in F(\mathbb{K})$$

e a operação de multiplicação por escalar definida por:

$$(\alpha f)(x) = \alpha f(x); \ \forall f \in F(\mathbb{K}) \ \text{ e } \ \forall \alpha \in \mathbb{K}$$

é um espaço vetorial sobre $\mathbb{K}$.

5. O conjunto $V = \{x \in \mathbb{R} | x > 0\}$ com as seguintes operações

$$x + y := xy, \ \forall x, y \in V; \qquad \alpha x = x^\alpha, \ \forall x \in V, \ \forall \alpha \in \mathbb{R}.$$

é um espaço vetorial real.

6. Seja V um espaço vetorial sobre o corpo $\mathbb{K}$. Mostre que o produto cartesiano $V \times V \times \cdots \times V$, com a soma vetorial e

o produto por escalar definidos coordenada a coordenada, é um espaço vetorial sobre $\mathbb{K}$.

7. Seja $\mathbb{Z}$ o conjunto dos números inteiros. O conjunto $\mathbb{Z}^2 := \{(m,n)\ /\ m,n \in \mathbb{Z}\}$, com as operações usuais de adição e multiplicação por um escalar forma um espaço vetorial?

8. Seja V o conjunto de todos os números reais. Defina uma operação de adição por

$$x \boxplus y = \text{ ao máximo entre } x \text{ e } y, \forall\ x, y \in V$$

e uma operação de multiplicação por escalar por

$$\lambda \boxdot x = \lambda x, \forall\ \lambda \in \mathbb{R}, \forall\ x \in V.$$

Sobre as operações $\boxplus$ e $\boxdot$ o conjunto V não é um espaço vetorial. Quais os axiomas de espaço vetorial falham?

9. Seja V o conjunto de todos os números reais tais que $x \geq 0$. Defina uma operação de adição por

$$x \boxplus y = xy + 1, \forall\ x, y \in V$$

e uma multiplicação por escalar por

$$\lambda \boxdot x = \lambda^2 x, \forall\ \lambda \in \mathbb{R}, x \in V.$$

Sobre as operações $\boxplus$ e $\boxdot$ o conjunto V é um espaço vetorial? Em caso negativo, verifique quais axiomas de espaço vetorial falham.

10. Prove ou rechace que o conjunto V abaixo, com as operações

usuais, é um espaço vetorial.

$$V := \{f : \mathbb{R} \to \mathbb{R} \ / \ f(5) = 0\}.$$

2.2 Subespaço vetorial

Consideremos os subconjuntos de $\mathbb{R}^2$ definidos por

$$P := \{(x, x^2) \in \mathbb{R}^2 \ / \ x \in \mathbb{R}\} \quad \text{e} \quad D := \{(x, x) \in \mathbb{R}^2 \ / \ x \in \mathbb{R}\}.$$

Observe que, dados vetores $u, v \in P$ e $\alpha \in \mathbb{R}$, nem sempre teremos $u + v \in P$ e $\alpha u \in P$. Por exemplo, tomando $u = (-1, 1), v = (2, 4)$ e $\alpha = 2$. Por outro lado, dados quaisquer $u, v \in D$ e $\alpha \in \mathbb{R}$ sempre teremos $u + v \in D$ e $\alpha u \in D$.

Conforme podemos observar, o subconjunto D acima é fechado com as operações de $\mathbb{R}^2$. O mesmo não ocorre com o subconjunto P. Os subconjuntos de um espaço vetorial que possuem a propriedade de que a soma de dois de seus elementos é um elemento do próprio subconjunto e a multiplicação de um elemento do subconjunto por um escalar continua pertencendo ao subconjunto serão nosso objeto de estudo.

Definição 2.2.1 *Um subconjunto não vazio U de um espaço vetorial V (sobre o corpo $\mathbb{K}$) é chamado de* ***subespaço vetorial*** *(sobre um corpo $\mathbb{K}$) quando U, munido das mesmas operações de soma vetorial e produto por escalar de V, for também um espaço vetorial.*

Observação: Observe que $\{0\}$ e o próprio V são subespaços de V. Esses são chamados de ***subespaços vetoriais triviais*** de

V.

Proposição 2.2.2 *Seja V um espaço vetorial sobre o corpo $\mathbb{K}$. Um subconjunto $U \subset V$ é um subespaço vetorial de V se, e somente se, forem satisfeitas as seguintes condições:*

sv1) $0 \in U$;

sv2) Se $u, v \in U$ então $u + v \in U$;

sv3) Se $u \in U$ então $\alpha u \in U$ para todo $\alpha \in \mathbb{K}$.

Demonstração: Primeiramente observamos que, sendo U um subespaço vetorial V, claramente são válidas as condições (sv1), (sv2) e (sv3), pois U é ele próprio um espaço vetorial.

Agora, suponhamos que U satisfaça as condições (sv1), (sv2) e (sv3). Então, por (sv2) e (sv3), U é fechado com relação as operações de V. Além disso, como U é subconjunto do espaço vetorial V, este herda de V as condições (ev1), (ev2), (ev5), (ev6), (ev7) e (ev8).

A condição (ev3) segue de (sv1).

Finalmente, dado $u \in U$ e tomando $\alpha = -1$ temos, por (sv3) e pelo item (d) da proposição 2.1.7, que $-u = (-1)u \in U$, provando (ev4). ∎

Proposição 2.2.3 *As condições (sv1), (sv2) e (sv3) da proposição anterior, são equivalentes a:*

sv1') $0 \in U$;

sv2') Se $u, v \in U$ e $\alpha \in \mathbb{K}$ então $u + \alpha v \in U$.

Exemplos

1. Seja $U := \{(x, y, z) \in \mathbb{R}^3 \ / \ x - y - z = 0\}$. Verifiquemos que U é um subespaço vetorial de $\mathbb{R}^3$.

    - Claramente $(0, 0, 0) \in U$ pois $0 - 0 - 0 = 0$;
    - Se $(x_1, y_1, z_1), (x_2, y_2, z_2) \in U$ e $\alpha \in \mathbb{R}$, então

$$(x_1 + \alpha x_2) - (y_1 + \alpha y_2) - (z_1 + \alpha z_2) = (x_1 - y_1 - z_1) + \alpha(x_2 - y_2 - z_2) = 0$$

    e, portanto, $(x_1, y_1, z_1) + \alpha(x_2, y_2, z_2) \in U$, provando que U é um subespaço vetorial de $\mathbb{R}^3$.

2. Toda reta passando pela origem de $\mathbb{K}^n$ é um subespaço vetorial de $\mathbb{K}^n$.

    De fato, sejam r esta reta e v um vetor diretor de r. Isto é, $r = \{\alpha v \ / \ \alpha \in \mathbb{K}\}$. Então:

    - Tomando $\alpha = 0$ temos que $0 = 0.v = \alpha v \in r$;
    - Além disso, se $u, w \in r$ e $\beta \in \mathbb{K}$, então existem $\alpha_1, \alpha_2 \in \mathbb{K}$ tais que $u = \alpha_1 v$ e $w = \alpha_2 v$. Portanto

$$u + \beta w = (\alpha_1 + \beta \alpha_2) v \in r$$

    mostrando que r é um subespaço vetorial de $\mathbb{K}^n$.

3. $U \subset \mathbb{K}[x]$, dado por $U = \{p(x) \in \mathbb{K}[x] \ / \ p(0) = 0\}$ é um subespaço vetorial de $\mathbb{K}[x]$.

    De fato:

- O polinômio nulo se anula em $x = 0$, logo, pertence a U;
- Dados $p(x), q(x) \in U$ então $p(0) + q(0) = 0$ e, portanto, $p(x) + q(x) \in U$;
- Se $p(x) \in U$ e $\alpha \in \mathbb{K}$ então $\alpha p(0) = 0$. Assim, $\alpha p(x) \in U$.

4. Fixados $a_1, \ldots, a_n \in \mathbb{K}$ em que $\mathbb{K} = \mathbb{R}$ ou $\mathbb{C}$, defina

$$H := \{(x_1, \ldots, x_n) \in \mathbb{K}^n \ / \ a_1x_1 + \cdots + a_nx_n = 0\}.$$

Mostremos que H é um subespaço vetorial de $\mathbb{K}^n$. Com efeito:

- $(0, \ldots, 0) \in H$ pois $a_1.0 + \cdots + a_n.0 = 0$;
- Dados $(x_1, \ldots, x_n), (y_1, \ldots, y_n) \in H$ e $\alpha \in \mathbb{K}$ é evidente que
$$a_1(x_1 + \alpha y_1) + \cdots + a_n(x_n + \alpha y_n) = 0.$$
Portanto $(x_1, \ldots, x_n) + \alpha(y_1, \ldots, y_n) \in H$.

Proposição 2.2.4 *Sejam V um espaço vetorial sobre o corpo $\mathbb{K}$ e U e W subespaços de V. A interseção $U \cap W$ é um subespaço vetorial de V.*

Demonstração: Claramente $0 \in U \cap W$ pois estes são subespaços.

Sejam $u, w \in U \cap W$ e $\alpha \in \mathbb{K}$. Então $u + \alpha w \in U$ pois U é subespaço e pelo mesmo motivo $u + \alpha w \in W$. Logo $u + \alpha w \in U \cap W$ provando que $U \cap W$ é um subespaço vetorial de V ■

Proposição 2.2.5 *Sejam V um espaço vetorial sobre o corpo $\mathbb{K}$ e $U_1, \ldots, U_n$ subespaços vetoriais de V. Então, a interseção $U = \bigcap_{i=1}^{n} U_i$ é um subespaço vetorial de V.*

Demonstração: Faz-se de modo análogo à demonstração da proposição anterior ■

Proposição 2.2.6 *Sejam V um espaço vetorial sobre o corpo $\mathbb{K}$ e U_1, U_2 subespaços de V. Então, a união $U = U_1 \cup U_2$ é um subespaço vetorial de V se e somente se, $U_1 \subset U_2$ ou $U_2 \subset U_1$.*

Demonstração: É imediato que se $U_1 \subset U_2$ ou $U_2 \subset U_1$ então U é um subespaço vetorial de V.

Suponhamos agora que $U = U_1 \cup U_2$ é um subespaço vetorial de V. Se $U_1 \subset U_2$ nada temos a demonstrar. Desta forma suponha que $U_1 \not\subset U_2$. Então existe $u \in U_1$ tal que $u \notin U_2$. Provaremos que $U_2 \subset U_1$.

De fato, tome $v \in U_2$. Claramente, $w = u + v \in U_1 \cup U_2$ e, portanto, $w \in U_1$ ou $w \in U_2$.

Entretanto, se

$$w \in U_2 \;\Rightarrow\; u = w - v \in U_2$$

o que é uma contradição.

Logo,

$$w \in U_1 \;\Rightarrow\; v = w - u \in U_1 \;\Rightarrow\; U_2 \subset U_1$$

como queríamos demonstrar ■

Exemplo 2.2.7 *Os subconjuntos abaixo são subespaços vetoriais de $\mathbb{R}^2$.*

$$U_1 = \{(x, x) \;/\; x \in \mathbb{R}\}, \qquad U_2 = \{(-y, y) \;/\; y \in \mathbb{R}\}.$$

Além disso os vetores $(1,1) \in U_1$, $(1,-1) \in U_2$ *pertencem à união* $U_1 \cup U_2$. *Entretanto* $(1,1)+(1,-1)=(2,0) \notin U_1 \cup U_2$.

Exercícios propostos 2.2.8

1. Quais subconjuntos são subespaços de $\mathbb{R}^2$?

   (a) $W = \{(x,y) \in \mathbb{R}^2 \;/\; x - 2y = 0\}$;

   (b) $W = \{(x,y) \in \mathbb{R}^2 \;/\; x^2 = y^2\}$;

   (c) $W = \{(x,y) \in \mathbb{R}^2 \;/\; x \geq 0\}$;

   (d) $W = \{(x,y) \in \mathbb{R}^2 \;/\; x = \frac{3y}{2}\}$.

2. Quais subconjuntos são subespaços do $\mathbb{R}^3$?

   (a) $W = \{(x,y,z) \in \mathbb{R}^3 \;/\; x - y + z = 0\}$;

   (b) $W = \{(x,y,z) \in \mathbb{R}^3 \;/\; x - y + z = 1\}$;

   (c) $W = \{(x,y,z) \in \mathbb{R}^3 \;/\; x - y + z = 0 \text{ e } x + y + z = 0\}$;

   (d) $W = \{a(1,1,0) + b(0,1,1) \;/\; a,b \in \mathbb{R}\}$.

3. Prove que a interseção de uma família $\{W_i\}$, $i \in I$, de subespaços de V é um subespaço de V.

4. Sejam W_1 e W_2 subespaços de um espaço vetorial V sobre o corpo $\mathbb{K}$. Verifique quais dos conjuntos abaixo são subespaços de V.

   (a) $W = W_1 \cup W_2$;

   (b) $W = W_1 \times W_2$;

   (c) $W = \{w_1 + w_2 \;/\; w_i \in W_i\}$.

5. Seja V um espaço vetorial sobre o corpo $\mathbb{K}$. Definimos a diagonal do produto cartesiano $V \times V \times \cdots \times V$ como sendo o conjunto $\Delta = \{(v, v, \ldots, v) \ / \ v \in V\}$. Mostre que Δ é um subespaço do produto cartesiano.

2.2.1 Soma direta

Definição 2.2.9 *Sejam V um espaço vetorial sobre o corpo $\mathbb{K}$, U e W subespaços vetoriais de V. Definimos a soma $U + W$ como sendo o conjunto formado pelos vetores da forma $u + w$ em que $u \in U$ e $w \in W$.*

Proposição 2.2.10 *A soma $U + W$ é um subespaço vetorial de V.*

Demonstração: $0 = 0 + 0 \in U + W$;

Além disso, tomando $u_1 + w_1$ e $u_2 + w_2$ em $U + W$ e $\alpha \in \mathbb{K}$, tem-se que $u_1 + \alpha u_2 \in U$ e $w_1 + \alpha w_2 \in W$. Portanto $(u_1 + w_1) + \alpha(u_2 + w_2) \in U + W$ ■

Exemplos

1. Consideremos os subespaços de $\mathbb{R}^2$ do exemplo (2.2.7). Isto é,

$$U_1 = \{(x, x) \ / \ x \in \mathbb{R}\} \text{ e } U_2 = \{(-y, y) \ / \ y \in \mathbb{R}\}.$$

Por definição temos que $U_1 + U_2 \subset \mathbb{R}^2$. Além disso vale a igualdade, pois, dado $(a, b) \in \mathbb{R}^2$, tem-se que $(a, b) = (x, x) + (-y, y)$ em que $x = \frac{a+b}{2}$ e $y = \frac{b-a}{2}$. Portanto $(a, b) \in U_1 + U_2$, donde concluímos que $\mathbb{R}^2 \subset U_1 + U_2$. Desta forma $\mathbb{R}^2 = U_1 + U_2$.

Observação: O vetor $(2,3) = (\frac{5}{2}, \frac{5}{2}) + (-\frac{1}{2}, \frac{1}{2})$, em que $(\frac{5}{2}, \frac{5}{2}) \in U_1$ e $(-\frac{1}{2}, \frac{1}{2}) \in U_2$. Além disso, a forma de escrever é única.

2. Sejam U e W os subespaços vetoriais de $\mathbb{R}^3$ dados por

$$U = \{(x_1, y_1, z_1) \ / \ x_1 - y_1 + z_1 = 0\} \quad \text{e}$$

$$W = \{(x_2, y_2, z_2) \ / \ x_2 + y_2 - z_2 = 0\}.$$

Dado $(a,b,c) \in \mathbb{R}^3$, é fácil ver que $(a,b,c) = (x_1, y_1, z_1) + (x_2, y_2, z_2)$ em que $x_1 = \frac{a+b-c}{2}$, $x_2 = \frac{a-b+c}{2}$, $y_1 = \frac{a+b}{2}$, $y_2 = \frac{b-a}{2}$ e $z_1 = z_2 = \frac{c}{2}$. Portanto $\mathbb{R}^3 = U + W$.

Observação: O vetor

$$(1,1,2) = (0,1,1) + (1,0,1) = (0,0,0) + (1,1,2),$$

em que $(0,1,1), (0,0,0) \in U$, $(1,0,1), (1,1,2) \in W$. Portanto a forma de escrever não é única.

Definição 2.2.11 *Sejam V um espaço vetorial sobre um corpo $\mathbb{K}$, U_1 e U_2 subespaços vetoriais de V. Diremos que o subespaço $W = U_1 + U_2$ é uma* ***soma direta*** *de U_1 e U_2 quando todo vetor $w \in W$ pode ser escrito na forma $w = u_1 + u_2$ em que $u_1 \in U_1$ e $u_2 \in U_2$ são únicos.*

Usaremos a notação $U_1 \oplus U_2$ para indicar a soma direta de U_1 e U_2.

Nos exemplos anteriores, fica evidente que $\mathbb{R}^2 = U_1 \oplus U_2$ e $\mathbb{R}^3 \neq U \oplus W$ embora $\mathbb{R}^3 = U + W$.

Proposição 2.2.12 *Sejam V um espaço vetorial sobre um corpo $\mathbb{K}$, U_1 e U_2 subespaços vetoriais de V. Então $W = U_1 \oplus U_2$ é uma soma direta de U_1 e U_2 se, e somente se,*

1. $W = U_1 + U_2$;

2. $U_1 \cap U_2 = \{0\}$.

Demonstração: Primeiramente se $W = U_1 \oplus U_2$, seja $u \in U_1 \cap U_2$. Daí, $u = 0 + u = u + 0$ e, como a forma de escrever u é única, concluímos que $u = 0$. Portanto $U_1 \cap U_2 = \{0\}$.

Suponhamos agora que $W = U_1 + U_2$ e que $U_1 \cap U_2 = \{0\}$. Seja $w \in W$ com $w = u_1 + u_2 = u_1' + u_2'$ em que $u_1, u_1' \in U_1$ e $u_2, u_2' \in U_2$. Então $U_1 \ni u_1 - u_1' = u_2' - u_2 \in U_2$. Desta forma $u_1 - u_1' = u_2' - u_2 = 0$, donde concluímos que $u_i = u_i'$, $i = 1, 2$. Portanto $W = U_1 \oplus U_2$ ■

Exercícios propostos 2.2.13

Definimos a soma dos subespaços $V_1, V_2, \cdots, V_k$ de um espaço vetorial V por

$$V_1 + V_2 + \cdots + V_k = \{v_1 + v_2 + \cdots + v_k \ / \ v_i \in V_i\}.$$

Diremos que a soma $W = V_1 + V_2 + \cdots + V_k$ é uma soma direta quando cada vetor $v \in W$ é expresso de modo único como $w = v_1 + v_2 + \cdots + v_k$ com $v_i \in V_i$. Indicaremos uma soma direta por $W = V_1 \oplus V_2 \oplus \cdots \oplus V_k$.

1. Sejam $V_1, V_2, \ldots, V_k, k \geq 2$, subespaços de um espaço vetorial V tais que $V = V_1 + \cdots + V_k$. Mostre que são equivalentes.

(a) $V = V_1 \oplus V_2 \oplus \cdots \oplus V_k$;

(b) $V_i \cap \{V_1 + \cdots + V_{i-1}\} = \{0\}$ para todo $2 \leq i \leq k$.

2. Sejam $V_1, V_2, \ldots, V_k$ subespaços do espaço vetorial V tais que $V = V_1 \oplus V_2 \oplus \cdots \oplus V_k$.

   (a) Prove ou dê contraexemplo para a afirmação: se $W \subset V$ é um subespaço então

   $$W = (V_1 \cap W) \oplus (V_2 \cap W) \oplus \cdots \oplus (V_k \cap W);$$

   (b) Mostre que $V_1 \cap V_i = \{0\}$, para todo $2 \leq i \leq k$. A recíproca é verdadeira?

3. Demonstre que $M_{n\times n}(\mathbb{K})$ decompõe-se em uma soma direta

   $$M_{n\times n}(\mathbb{K}) = S \oplus A,$$

   na qual a primeira parcela é o subespaço das matrizes simétricas e a outra parcela é o subespaço das matrizes antissimétricas.

4. Assuma que um espaço vetorial V decompõe-se em $V = W_1 \oplus W_2$ e $V = U_1 \oplus U_2$. Mostre que se $W_i \subset U_i$ então $W_1 = U_1$ e $W_2 = U_2$.

5. Quais das seguintes somas são diretas?

   (a) $\mathbb{R}^3 = U_1 + U_2$, em que

   $$U_1 = \{(x, x, 0) \;/\; x \in \mathbb{R}\} \text{ e } U_2 = \{(0, y, z) \;/\; y, z \in \mathbb{R}\};$$

(b) $\mathbb{R}^3 = V_1 + V_2$, em que

$$V_1 = \{(x, 0, 0) \ / \ x \in \mathbb{R}\} \text{ e } V_2 = \{(x, y, 0) \ / \ x, y \in \mathbb{R}\};$$

(c) $V = W_1 + W_2$, em que

$$W_1 = \{0\} \text{ e } W_2 = V;$$

(d) $V = Z_1 + Z_2$, em que

$$Z_1 = \{f : \mathbb{R} \to \mathbb{R} \ / \ f \text{ é constante } \}$$

e

$$Z_2 = \{f : \mathbb{R} \to \mathbb{R} \ / \ f(0) = 0\}.$$

em que V é o conjuntos das funções reais de variável real.

Capítulo 3

Base e dimensão

3.1 Conjunto de geradores

Definição 3.1.1 *Seja V um espaço vetorial sobre o corpo $\mathbb{K}$. Diremos que o vetor $u \in V$ é uma* ***combinação linear*** *dos vetores $v_1, v_2, \ldots, v_n \in V$ se existirem escalares $\alpha_1, \alpha_2, \ldots, \alpha_n \in \mathbb{K}$ tais que*

$$u = \alpha_1 v_1 + \alpha_2 v_2 + \cdots + \alpha_n v_n.$$

Observação: Uma combinação linear envolve somente um número finito de vetores.

Definição 3.1.2 *Sejam V um espaço vetorial sobre um corpo $\mathbb{K}$ e $\varepsilon \subset V$ um subconjunto não vazio. Denotamos por $[\varepsilon]$ o conjunto de todas as combinações lineares dos vetores de ε. Diremos que ε é um* ***conjunto de geradores*** *de $[\varepsilon]$.*

Proposição 3.1.3 *$[\varepsilon]$ é um subespaço vetorial de V.*

Demonstração: Naturalmente, como $\varepsilon \neq \emptyset$, existe $u \in \varepsilon$ e, portanto,

$$0 = 0.u \in [\varepsilon].$$

Também, dados vetores $u, v \in [\varepsilon]$, por definição desse subconjunto, existem vetores $u_1, \ldots, u_n, v_1, \ldots, v_k \in \varepsilon$ e escalares $\alpha_1, \ldots,$ α_n, $\beta_1, \ldots, \beta_k \in \mathbb{K}$ tais que $u = \alpha_1 u_1 + \cdots + \alpha_n u_n$ e $v = \beta_1 v_1 + \cdots + \beta_k v_k$. Agora, dado $\lambda \in \mathbb{K}$, temos que

$$u + \lambda v = \alpha_1 u_1 + \alpha_2 u_2 + \cdots + \alpha_n u_n + \lambda\beta_1 v_1 + \lambda\beta_2 v_2 + \cdots + \lambda\beta_k v_k.$$

Desta forma $u + \lambda v$ é uma combinação linear de vetores de ε e, portanto, temos demonstrado que $u + \lambda v \in [\varepsilon]$, concluindo que $[\varepsilon]$ é um subespaço vetorial de V. ■

Observação: Note que se U é um subespaço de V contendo ε, então U contém todas as combinações lineares de vetores de ε. Portanto $[\varepsilon] \subset U$. Desta forma $[\varepsilon]$ é o menor subespaço de V contendo ε.

Se $U = [\varepsilon]$ diremos que ε é um conjunto de geradores do subespaço U de V. Além disso, se ε for finito, diremos que U é um ***espaço vetorial finitamente gerado***.

Um espaço vetorial V sempre tem um conjunto de geradores, basta tomar $\varepsilon = V$. Assim, perguntar sobre a existência de um conjunto de geradores para um espaço vetorial não é proveitoso. É mais relevante examinar a existência de um conjunto de geradores com qualidades como finitude ou ortogonalidade. A teoria seguinte tem este objetivo.

3.1.1 Independência linear

Definição 3.1.4 *Seja V um espaço vetorial sobre o corpo $\mathbb{K}$. Os vetores $v_1, \ldots, v_n \in V$ são chamados de* ***linearmente independentes*** *quando, dados $\alpha_1, \ldots, \alpha_n \in \mathbb{K}$ tais que*

$$\alpha_1 v_1 + \cdots + \alpha_n v_n = 0$$

tem-se que $\alpha_1 = \cdots = \alpha_n = 0$.

Diremos que $v_1, \ldots, v_n \in V$ são ***linearmente dependentes*** *quando não forem linearmente independentes.*

Observação: Se os vetores $v_1, \ldots, v_n$ são linearmente dependentes então a equação

$$\alpha_1 v_1 + \cdots + \alpha_n v_n = 0$$

tem uma solução $\alpha_1, \ldots, \alpha_n \in \mathbb{K}$ em que os $\alpha_{i's}$ não são todos nulos.

Definição 3.1.5 *Um conjunto $\varepsilon \subset V$ é chamado linearmente independente quando todo subconjunto finito de ε for linearmente independente. Diremos que o conjunto é linearmente dependente quando este contiver um subconjunto não vazio finito e linearmente dependente.*

Frequentemente usamos as abreviações ***LI*** para linearmente independentes e ***LD*** para linearmente dependentes.

Observações:

1. O conjunto vazio $\emptyset$ é linearmente independente por vacuidade, pois não podemos exibir um subconjunto não vazio;

2. Qualquer conjunto $\varepsilon \subset V$ contendo o vetor nulo é linearmente dependente pois é possível formar a combinação linear $0 = \alpha 0$ com um escalar não nulo $\alpha \in \mathbb{K}$.

3. Um subconjunto de um conjunto linearmente independente é linearmente independente.

Exemplos 3.1.6

1. Os vetores $v_1 = (1, 2)$, $v_2 = (3, -1)$ de $\mathbb{R}^2$ são LI. De fato

$$\begin{aligned} \alpha_1 v_1 + \alpha_2 v_2 = 0 &\Rightarrow \alpha_1(1,2) + \alpha_2(3,-1) = 0 \\ &\Rightarrow \begin{cases} \alpha_1 + 3\alpha_2 = 0 \\ 2\alpha_1 - \alpha_2 = 0 \end{cases} \\ &\Rightarrow \alpha_1 = \alpha_2 = 0. \end{aligned}$$

2. Já os vetores $v_1 = (1, -1)$, $v_2 = (-1, 2)$ e $v_3 = (-1, 4)$ de $\mathbb{R}^2$ são LD pois
$$2v_1 + 3v_2 - v_1 = (0, 0).$$

3. Em $\mathbb{C}^3$ o conjunto $\varepsilon = \{(1, 0, 1), (0, i, 0), (1, i, i)\}$ é LI e o conjunto $\beta = \{(0, -2, i - 1), (1, 1 + i, 1), (1, 0, 0)\}$ é LD.

   Com efeito

   - ε é LI pois se

$$\alpha_1(1, 0, 1) + \alpha_2(0, i, 0) + \alpha_3(1, i, i) = (0, 0, 0)$$

então

$$\begin{cases} \alpha_1 + \alpha_3 = 0 \\ i\alpha_2 + i\alpha_3 = 0 \\ \alpha_1 + i\alpha_3 = 0 \end{cases} \Rightarrow \quad \alpha_1 = \alpha_2 = \alpha_3 = 0.$$

- β é LD pois

$$1.(0,-2,i-1) + (1-i).(1,1+i,1) + (-1).(1,0,0) = (0,0,0).$$

Exercícios propostos 3.1.7

1. Para cada espaço abaixo, encontre um conjunto finito de geradores.

   (a) $U = \{(x,y,z) \in \mathbb{R}^3 \ / \ x - y + 2z = 0\}$;

   (b) $V = \{(x,y,z) \in \mathbb{C}^3 \ / \ ix + y - iz = 0\}$;

   (c) $W = \{(x,y) \in \mathbb{R}^2 \ / \ 2x - 3y = 0\}$;

   (d) $N = \{X \in M_{3\times 1}(\mathbb{R}) \ / \ AX = 0\}$, onde

   $$A = \begin{bmatrix} 0 & 1 & 0 \\ 2 & 1 & 0 \\ 1 & 1 & 4 \end{bmatrix}$$

   (e) $\eta = \{X \in M_{4\times 1}(\mathbb{R}) \ / \ AX = 0\}$, onde

   $$A = \begin{bmatrix} 1 & 1 & -1 & 0 \\ 2 & 0 & 1 & 1 \\ 3 & 1 & 0 & 1 \\ 0 & -2 & 3 & 1 \end{bmatrix}$$

(f) $P = \{p(x) \in \mathbb{K}[x] \;/\; p(0) = 0\}$

2. Em cada caso determine o subespaço vetorial gerado pelos vetores dados.

   (a) $\{(1, 0, 1), (0, -1, 0)\}$ com $V = \mathbb{R}^3$;

   (b) $\{(i, 0), (-2, 3)\}$ com $V = \mathbb{C}^2$;

   (c) $\left\{ \begin{bmatrix} 0 & 1 \\ 0 & 0 \end{bmatrix}, \begin{bmatrix} 0 & 0 \\ -1 & 0 \end{bmatrix} \right\}$ em $M_2(\mathbb{R})$.

3. Em cada caso verifique se o conjunto dado é linearmente dependente ou linearmente independente.

   (a) $\{(2, 1), (-3, 2)\}$ em $\mathbb{R}^2$;

   (b) $\{(-1, 1), (-3, 2), (-1, 0)\}$ em $\mathbb{R}^2$;

   (c) $\{(5, 15), (3, 9)\}$ em $\mathbb{R}^2$;

   (d) $\{(-1, 2, 1), (1, -3, 2), (1, 1, 1)\}$ em $\mathbb{R}^3$;

   (e) $\{(-2, 2, 1), (2, 5, 3), (-1, 9, 5)\}$ em $\mathbb{R}^3$;

   (f) $\{(\pi, 2, 0), (0, \pi, 2), (0, 0, \pi)\}$ em $\mathbb{R}^3$;

   (g) $\{3 - t + 9t^2, 5 - 6t + 3t^2, 1 + t - 5t^2\}$ em $\mathbb{R}_3[t]$;

   (h) $\{-t^2, 1 + 4t^2\}$ em $\mathbb{R}_3[t]$;

   (i) $\{2 + t + 7t^2, t + 2t^2, 2 + 2t + 2t^2, 8 - 2t + 5t^2\}$ em $\mathbb{R}_3[t]$;

4. Sejam $U \subset V$ um subespaço e $\varepsilon \subset U$ um conjunto linearmente independente. Se $v \notin U$ então o conjunto $\varepsilon \cup \{v\}$ é linearmente independente.

5. Mostre que as funções *seno* e *cosseno* são LD em $F(\mathbb{R})$.

Proposição 3.1.8 *Se V é um espaço vetorial sobre um corpo $\mathbb{K}$ e $u_1, u_2, \ldots, u_n \in V$ são LD então pelo menos um destes vetores se escreve como combinação linear dos demais.*

Demonstração: Como $u_1, \ldots, u_n \in V$ são LD, existem $j \in \{1, \ldots, n\}$ e escalares $\alpha_1, \ldots, \alpha_n$, com $\alpha_j \neq 0$, tais que $\alpha_1 u_1 + \cdots + \alpha_n u_n = 0$. Assim, dividindo esta equação por α_j, obtemos

$$u_j = -\frac{\alpha_1}{\alpha_j} u_1 - \cdots - \frac{\alpha_{j-1}}{\alpha_j} u_{j-1} - \frac{\alpha_{j+1}}{\alpha_j} u_{j+1} - \cdots - \frac{\alpha_n}{\alpha_j} u_n.$$

■

Proposição 3.1.9 *Se $u_1, \ldots, u_n \in V$ são LI e $u_1, \ldots, u_n, u_{n+1} \in V$ são LD, então u_{n+1} é combinação linear de $u_1, \ldots, u_n$.*

Demonstração: Como os vetores $u_1, \ldots, u_n, u_{n+1}$ são LD, existem escalares $\alpha_1, \ldots, \alpha_{n+1}$ não todos nulos tais que

$$\alpha_1 u_1 + \cdots + \alpha_n u_n + \alpha_{n+1} u_{n+1} = 0.$$

Afirmação: $\alpha_{n+1} \neq 0$. Com efeito, se fosse $\alpha_{n+1} = 0$ a expressão anterior ficaria

$$\alpha_1 u_1 + \cdots + \alpha_n u_n = 0.$$

Como os vetores $u_1, \ldots, u_n$ são LI, deveríamos ter $\alpha_1 = \cdots = \alpha_n = 0$ contradizendo o fato de $u_1, \ldots, u_n, u_{n+1}$ serem LD.

Agora, sendo $\alpha_{n+1} \neq 0$, segue-se que

$$u_{n+1} = -\frac{\alpha_1}{\alpha_{n+1}} u_1 - \cdots - \frac{\alpha_n}{\alpha_{n+1}} u_n$$

■

Proposição 3.1.10 *Se $u_1, \ldots, u_n$ são LI no espaço vetorial V, então, cada vetor $v \in [u_1, \ldots, u_n]$ se escreve de maneira única como combinação linear de $u_1, \ldots, u_n$.*

Demonstração: Suponhamos que $\alpha_1 u_1 + \cdots + \alpha_n u_n = \beta_1 u_1 + \cdots + \beta_n u_n$, em que $\alpha_i, \beta_i \in \mathbb{K}$, $\forall i \in \{1, \ldots, n\}$. Assim,

$$(\alpha_1 - \beta_1)u_1 + \cdots + (\alpha_n - \beta_n)u_n = 0$$

implicando em $\alpha_i = \beta_i$, $\forall i \in \{1, \ldots, n\}$, pois $u_1, \ldots, u_n$ são LI. ■

Exemplo 3.1.11 *O conjunto $\{(0,1), (1,3), (2,9)\} \subset \mathbb{R}^2$ é LD.*

De fato, o vetor $(6, 27) \in \mathbb{R}^2$, se escreve como

$$(6,27) = 3(0,1) + 2(1,3) + 2(2,9) \quad \text{e}$$

$$(6,27) = 6(0,1) + 4(1,3) + 1(2,9).$$

3.2 Base

Definição 3.2.1 *Seja $V \neq \{0\}$ um espaço vetorial sobre um corpo $\mathbb{K}$. Uma **base** ε de V é um conjunto de geradores de V linearmente independente.*

Exemplo 3.2.2 *O conjunto $\alpha = \{(1,0,0), (0,1,0), (0,0,1)\}$ é uma base de $\mathbb{K}^3$.*

De fato, claramente vemos que os vetores são linearmente independentes. Além disso, $(x, y, z) = x(1, 0, 0) + y(0, 1, 0) + z(0, 0, 1)$. Portanto α é um conjunto finito de geradores LI de $\mathbb{K}^3$.

Exemplo 3.2.3 *Generalizando, o conjunto* $\beta = \{e_1, \ldots, e_n\}$, *em que* $e_1 = (1, 0, \ldots, 0)$, $e_2 = (0, 1, 0, \ldots, 0)$,..., $e_n = (0, \ldots, 0, 1)$, *é uma base de* $\mathbb{K}^n$. *Essa base é chamada de* ***base canônica*** *de* $\mathbb{K}^n$.

Exemplo 3.2.4 *O conjunto* $\gamma = \{(i, 0), (0, -i)\}$ *é uma base de* $\mathbb{C}^2$.

Com efeito, $(x, y) = -ix(i, 0) + iy(0, -i)$. Além disso, vê-se facilmente que γ é LI.

Exemplo 3.2.5 *O conjunto* $\delta = \{1, x, \ldots, x^n\}$ *é uma base de* $\mathbb{K}_n[x]$. *chamaremos essa base de base canônica de* $\mathbb{K}_n[x]$.

Lema 3.2.6 *Sejam* $u, v_1, \ldots, v_n$ *vetores no espaço vetorial* V. *Se* u *for combinação linear de* $v_1, \ldots, v_n$ *então*

$$[u, v_1, \ldots, v_n] = [v_1, \ldots, v_n].$$

Demonstração: Por definição, $[v_1, \ldots, v_n] \subset [u, v_1, \ldots, v_n]$.

Agora, como u é combinação linear dos vetores $v_1, \ldots, v_n$, exitem escalares $\alpha_1, \ldots, \alpha_n$ tais que

$$u = \alpha_1 v_1 + \cdots + \alpha_n v_n.$$

Então, dado $w \in [u, v_1, \ldots, v_n]$ podemos escrever

$$w = \beta u + \beta_1 v_1 + \cdots + \beta_n v_n,$$

em que $\beta, \beta_i \in \mathbb{K}$, $i \in \{1, \ldots, n\}$. Substituindo u, obtemos

$$\begin{aligned} w &= \beta(\alpha_1 v_1 \cdots + \alpha_n v_n) + \beta_1 v_1 + \cdots + \beta_n v_n \\ &= (\beta\alpha_1 + \beta_1)v_1 + \cdots + (\beta\alpha_n + \beta_n)v_n. \end{aligned}$$

Desta forma concluímos que $[u, v_1, \ldots, v_n] \subset [v_1, \ldots, v_n]$ ■

Teorema 3.2.1 *Seja $V \neq \{0\}$ um espaço vetorial finitamente gerado sobre um corpo $\mathbb{K}$. Então V admite uma base finita.*

Demonstração: Como V é finitamente gerado, existem vetores $v_1, \ldots, v_n \in V$ tais que $V = [v_1, \ldots, v_n]$. Podemos supor que todos estes vetores são não nulos.

Se $v_1, \ldots, v_n$ forem LI então esta sequência é uma base de V.

Suponhamos agora que $v_1, \ldots, v_n$ sejam LD. Então, pela proposição 3.1.8, existe um vetor u_j que é combinação linear dos demais vetores. A menos de reordenação podemos supor que $j = n$. Assim, pelo lema 3.2.6, $V = [v_1, \ldots, v_n] = [v_1, \ldots, v_{n-1}]$. Se $v_1, \ldots, v_{n-1}$ for LI então teremos encontrado a base. Entretanto, se $v_1, \ldots, v_{n-1}$ for LD, novamente pela proposição 3.1.8 teremos um vetor, digamos v_{n-1}, que é combinação linear de $v_1, \ldots, v_{n-2}$ e mais uma vez, pelo lema 3.2.6, $V = [v_1, \ldots, v_{n-2}]$. Se $v_1, \ldots, v_{n-2}$ forem LI então eles formam a base de V.

Agora, se $v_1, \ldots, v_{n-2}$ forem LD prosseguimos como anteriormente.

Em alguma etapa determinaremos um conjunto linearmente independente $\{v_1, \ldots, v_k\}$, com $1 \leq k < n$, tal que $V = [v_1, \ldots, v_k]$, pois o conjunto unitário $\{v_1\}$ é LI, tendo em vista que $v_1 \neq 0$. Logo $\{v_1, \ldots, v_k\}$ é uma base de V. ■

Exercícios propostos 3.2.7

1. Em cada caso verifique se o conjunto dado é uma base do espaço vetorial V.

   (a) $\{(-1,2),(2,1)\}$ em que $V=\mathbb{R}^2$;

   (b) $\{(1,1)\}$ em que $V=\mathbb{R}^2$;

   (c) $\{(1,-1,2),(0,2,1),(3,0,1)\}$ em que $V=\mathbb{R}^3$;

   (d) $\{(2,-1,3),(0,2,1),(2,3,5)\}$ em que $V=\mathbb{R}^3$;

   (e) $\{1,2t,1+t^2,t-t^3\}$ em que $V=\mathbb{R}_3[t]$;

   (f) $\{1,2t,1+t,t^2+2t^3\}$ em que $V=\mathbb{R}_3[t]$;

2. Determine uma base para cada um dos seguintes espaços vetoriais.

   (a) $V=\{(x,y,z)\in\mathbb{R}^3 \;/\; y=3x\}$;

   (b) $U=\{(x,y,z)\in\mathbb{R}^3 \;/\; y=5x \text{ e } z=0\}$;

   (c) $W=\{(x,y,z)\in\mathbb{R}^3 \;/\; x-y-3z=0\}$;

   (d) $Z=\{(x,y,z)\in\mathbb{R}^3 \;/\; x=2t, y=-t, z=5t,\ t\in\mathbb{R}\}$;

   (c) $P=\{p(x)\in\mathbb{R}_3[x] \;/\; p(0)=1, p(1)=0\}$;

   (f) $M=\left\{\begin{bmatrix} a & b \\ c & d \end{bmatrix}\in M_{2\times 2}(\mathbb{R}) \;/\; b=a+c,\ e\ d=c\right\}$;

   (g) $N=\left\{\begin{bmatrix} a & b \\ c & d \end{bmatrix}\in M_{2\times 2}(\mathbb{R}) \;/\; a+d=b+c\right\}$;

   (h) $L=\left\{(x,y,z,t)\in\mathbb{R}^4 \;/\; \begin{bmatrix} 1 & 2 & -2 & -1 \\ 2 & 4 & 1 & 1 \\ 1 & 2 & 3 & 2 \end{bmatrix}\begin{bmatrix} x \\ y \\ z \\ t \end{bmatrix}=\begin{bmatrix} 0 \\ 0 \\ 0 \\ 0 \end{bmatrix}\right\}$.

3.3 Dimensão

Teorema 3.3.1 *Suponha que* $\beta = \{v_1, \ldots, v_n\}$ *é uma base do espaço vetorial* V. *Então:*

1. *Todo subconjunto de* V *contendo pelo menos* $n+1$ *vetores é linearmente dependente;*

2. *Todo subconjunto de* V *contendo no máximo* $n-1$ *vetores não gera* V.

Demonstração: (a) Sejam $u_0, u_1, \ldots, u_n \in V$. Se algum $u_j = 0$ então os vetores são LD. Desta forma, podemos supor que $u_j \neq 0,\ \forall j \in \{0, 1, \ldots, n\}$. Como β é uma base, existem escalares α_{ij} tais que

$$\begin{aligned} u_0 &= \alpha_{01}v_1 + \cdots + \alpha_{0n}v_n; \\ u_1 &= \alpha_{11}v_1 + \cdots + \alpha_{1n}v_n; \\ &\vdots \\ u_n &= \alpha_{n1}v_1 + \cdots + \alpha_{nn}v_n. \end{aligned} \tag{3.1}$$

Como $u_0 \neq 0$, existe pelo menos um escalar $a_{0j} \neq 0, j = 1, \ldots, n$, e, portanto, podemos resolver a primeira equação para v_j, isto é

$$v_j = \frac{1}{\alpha_{0j}}u_0 - \frac{\alpha_{01}}{\alpha_{0j}}v_1 - \cdots - \frac{\alpha_{0j-1}}{\alpha_{0j}}v_{j-1} - \frac{\alpha_{0j+1}}{\alpha_{0j}}v_{j+1} - \cdots - \frac{\alpha_{0n}}{\alpha_{0j}}v_n.$$

Agora, substituindo esta expressão, podemos reescrever as equações 3.1 em função de $u_0, v_1, \ldots, v_{j-1}, v_{j+1}, \ldots, v_n$.

Se u_0 e u_1 são linearmente dependente, então o resultado segue; senão, podemos repetir o processo acima substituindo algum $v_k, k \neq j$, na segunda equação por u_1 e reescrevendo as equações restantes em 3.1 (com exceção das duas primeiras) em função de

$$u_0, u_1, v_1, \ldots, v_{j-1}v_{j+1}, \ldots, v_{k-1}, v_{k+1}, \ldots, v_n.$$

Após n aplicações deste procedimento, os vetores $v_l, \ldots, v_n$, serão todos substituídos pelos vetores $u_0, \ldots, u_{n-1}$, e a última equação em 3.1 expressará u_n linearmente em termo dos demais u_i; isto é, o conjunto $\{u_0, \ldots, u_n\}$ é linearmente dependente.

(b) A demonstração é semelhante à feita no item (a). Suponhamos que $\{w_1, \ldots, w_{n-1}\}$ gera V. Desta forma, cada v_i pode ser expresso como uma combinação linear de $w_1, \ldots, w_{n-1}$, digamos:

$$\begin{array}{rcl} v_1 & = & \gamma_{11}w_1 + \cdots + \gamma_{1,n-1}w_{n-1}; \\ & \vdots & \\ v_n & = & \gamma_{n1}w_1 + \cdots + \alpha_{n,n-1}v_{n-1}. \end{array} \tag{3.2}$$

em que $\gamma_{ij} \in \mathbb{K}$.

Como β é uma base, cada v_i é diferente de zero. Desta forma, na primeira equação pelo menos um coeficiente $\gamma_{1j} \neq 0$ e, portanto, podemos resolvê-la para w_j em função de

$$v_1, w_1, \ldots, w_{j-1}, w_{j+1}, \ldots, w_{n-1},$$

e reescrever as outras $n-1$ equações em função deste conjunto. Aplicando este procedimento $n-1$ vezes nos restará uma única equação linear envolvendo $v_1, \ldots, v_n$, contradizendo o fato de formarem uma base.

Assim, $\{w_1, \ldots, w_{n-1}\}$ não pode gerar V. ■

Corolário 3.3.1 *Seja V um espaço vetorial finitamente gerado sobre um corpo $\mathbb{K}$. Então as bases de V têm o mesmo número de vetores.*

Demonstração: Sejam β e β' bases de V e suponha que $\#(\beta) = n$ e $\#(\beta') = m$. Então, pelo teorema 3.3.1 se fosse $n < m$ então os vetores de β' seriam LD contradizendo o fato de β' ser base. Analogamente se $m < n$ então β não seria uma base. Portanto $n = m$. ■

Definição 3.3.2 *Seja V um espaço vetorial sobre um corpo $\mathbb{K}$.*

1. *Diremos que V tem **dimensão infinita** se este não é finitamente gerado (ou equivalentemente contém um número infinito de vetores linearmente independentes);*

2. *Se V é finitamente gerado definimos sua **dimensão** como sendo o número de elementos de uma base qualquer de V. Neste caso diremos que V tem **dimensão finita**. Se $V = \{0\}$ diremos que sua dimensão é zero.*

Observação: Usaremos a notação $\dim_{\mathbb{K}} V$ ou $\dim V$ para a dimensão do espaço vetorial V sobre o corpo $\mathbb{K}$.

Proposição 3.3.3 *Todo espaço vetorial de dimensão infinita possui uma infinidade de vetores linearmente independentes.*

Demonstração: Claramente existe um vetor $u_1 \in V$, $u_1 \neq 0$. Como V não é finitamente gerado, $[u_1] \subsetneq V$. Desta forma, podemos escolher $u_2 \in V - [u_1]$ e, portanto, os vetores u_1 e u_2 são LI.

Suponha que tenhamos encontrado vetores $u_1, \ldots, u_n$ linearmente independentes em V. Como V não é finitamente gerado, $[u_1, \ldots, u_n] \subsetneq V$ e desta forma pode-se escolher um vetor $u_{n+1} \in V - [u_1, \ldots, u_n]$. Isto é, $u_1, \ldots, u_n, u_{n+1} \in V$ são LI.

Como o processo não pode parar pois V não é finitamente gerado, segue-se o resultado. ∎

Corolário 3.3.4 *Todo subespaço de um espaço vetorial de dimensão finita também tem dimensão finita.*

Demonstração: Sejam V um espaço vetorial de dimensão finita e U um subespaço de V.

Se fosse $\dim U = \infty$ então, pela proposição anterior, U teria uma infinidade de vetores LI e consequentemente V também. Logo, $\dim V = \infty$. ∎

Exemplo 3.3.5 $\dim_{\mathbb{K}} \mathbb{K}^n = n$;

Exemplo 3.3.6 $\dim \mathbb{K}_n[x] = n + 1$;

Exemplo 3.3.7 $\dim \mathbb{K}[x] = \infty$ *pois o conjunto*

$$\{1, x, x^2, \ldots, x^n, \ldots\}$$

é linearmente independente.

Exemplo 3.3.8 *O conjunto* $\beta = \{A_{ij} \in M_{n\times m}(\mathbb{K}) \ / \ 1 \leq i \leq n$ *e* $1 \leq j \leq m\}$, *em que* $A_{ij} = [\delta_{rs}^{ij}]$ *e* $\delta_{rs}^{ij} = \begin{cases} 1, & se\ (i,j) = (r,s) \\ 0, & se\ (i,j) \neq (r,s) \end{cases}$ *é uma base de* $M_{n\times m}(\mathbb{K})$. *Portanto* $\dim M_{n\times m} = nm$.

Teorema 3.3.2 (*do completamento*) *Seja* V *um espaço vetorial de dimensão* n *sobre um corpo* $\mathbb{K}$. *Se* $u_1, \ldots, u_r \in V$ *são linearmente independentes, com* $r < n$, *então existem vetores* $u_{r+1}, \ldots, u_n \in V$ *tais que* $u_1, \ldots, u_r, u_{r+1}, \ldots, u_n$ *formam uma base de* V.

Demonstração: Como $u_1, \ldots, u_r$ não é uma base (pois $r < n = \dim V$), existe um vetor $u_{r+1} \in V$ tal que $u_1, \ldots, u_r, u_{r+1}$ são linearmente independentes.

Se $r + 1 = n$ então $u_1, \ldots, u_r, u_{r+1}$ é uma base de V.

Entretanto, se $r + 1 < n$, existe $u_{r+2} \in V$ tal que os vetores $u_1, \ldots, u_r, u_{r+1}, u_{r+2}$ são linearmente independentes pois caso contrário $u_1, \ldots, u_r, u_{r+1}$ seria base de V, o que não pode ocorrer pois $n + 1 < n$.

Repetindo os argumentos acima, encontramos vetores

$$u_{r+1}, \ldots, u_{r+k} \in V$$

linearmente independentes, em que $n = r + k$. Desta forma os vetores $u_1, \ldots, u_r, u_{r+1}, \ldots, u_n$ formam uma base de V, contendo $u_1, \ldots, u_r$. ■

Exemplo 3.3.9 *Determinar uma base de* $\mathbb{R}^3$ *que contenha o conjunto LI* $\{(1, 1, 0), (0, 1, -1)\}$.

Como $\dim \mathbb{R}^3 = 3$, basta determinarmos em $\mathbb{R}^3$ um vetor (x, y, x) tal que $(1, 1, 0), (0, 1, -1), (x, y, z)$ sejam LI. Isto é equivalente ao determinante

$$\begin{vmatrix} 1 & 0 & x \\ 1 & 1 & y \\ 0 & -1 & z \end{vmatrix} = -x + y + z$$

ser diferente de zero. Existem infinitas possibilidades para isso, por exemplo $(x, y, z) = (1, 1, 1)$.

Proposição 3.3.10 *Se U é um subespaço do espaço vetorial V e se $\dim U = \dim V$, então $U = V$.*

Demonstração: Sejam $u_1, \ldots, u_n$ uma base de U. Então $U = [u_1, \ldots, u_n]$. Como $n = \dim U = \dim V$, segue-se que dado qualquer vetor $v \in V$ tem-se pelo teorema 3.3.1, que $u_1, \ldots, u_n, v$ são LD. Além disso, pela proposição 3.1.9, o vetor v se escreve como combinação linear dos vetores $u_1, \ldots, u_n$. Portanto,

$$V = [u_1, \ldots, u_n] = U$$

■

Observação: Todo espaço vetorial tem uma base?

A resposta para essa pergunta é afirmativa. Para o caso de espaços vetoriais finitamente gerados, esse é o conteúdo do teorema 3.2.1, mas para espaços de dimensão infinita precisaremos de outro argumento, o Lema de Zorn (veja o apêndice A).

Exercícios propostos 3.3.11

1. Em cada item abaixo encontre uma base para o espaço das combinações lineares de ε e estenda-a a uma base do espaço.

   (a) $\varepsilon = \{(1,0,2),(1,1,0)\} \subset \mathbb{R}^3$;

   (b) $\varepsilon = \{(1,i,1),(i,1,i)\} \subset \mathbb{C}^3$.

2. Calcule as dimensões dos subespaços complexos e determine uma base para cada um.

   (a) $U = \{(x_1,x_2,x_3) \in \mathbb{C}^3 \ / \ x_1 - x_3 = 0\}$;

   (b) $W = \{(x,y,z) \in \mathbb{C}^3 \ / \ x - z = 0, x + y = 0\}$.

3. Mostre as afirmações abaixo sobre um espaço vetorial V de dimensão finita.

   (a) Qualquer vetor não nulo de V é elemento de alguma base;

   (b) Se $\varepsilon \subset V$ é um conjunto finito de geradores, então existe uma base $\beta \subset \varepsilon$;

   (c) Se $\delta \subset V$ pode ser estendido a uma base, então δ é linearmente independente.

4. Seja V um espaço vetorial sobre o corpo $\mathbb{K}$. Sabendo-se que V tem dimensão n, calcule a dimensão da diagonal $\Delta = \{(v,v,\ldots,v) \ / \ v \in V\}$ do produto cartesiano $V \times V \times \cdots \times V$.

5. A dimensão de um espaço vetorial depende do corpo $\mathbb{K}$. Por exemplo, mostre que com as operações algébricas usuais $\mathbb{C}^2$ tem dimensão dois sobre $\mathbb{C}$ e tem dimensão quatro sobre $\mathbb{R}$.

Sabemos que, se U_1 e U_2 são subespaços vetoriais de V, os conjuntos $U_1 \cap U_2$ e $U_1 + U_2$ também o são. Desta forma é lícito perguntarmos qual a relação entre $\dim(U_1 + U_2), \dim U_1 \cap U_2$ e $\dim U_i$, $i = 1, 2$. No caso em que V é um espaço vetorial de dimensão finita, temos a proposição seguinte.

Proposição 3.3.12 *Seja V um espaço vetorial de dimensão finita. Se U_1 e U_2 são subespaços vetoriais de V então*

$$\dim(U_1 + U_2) = \dim U_1 + \dim U_2 - \dim(U_1 \cap U_2)$$

Demonstração: Seja $A = \{w_1, \ldots, w_s\}$ uma base de $U_1 \cap U_2$. Como A é LI e está contido U_1, podemos completá-lo com vetores $u_1, \ldots, u_{r_1}$ de tal forma que $B_1 = \{w_1, \ldots, w_s, u_1, \ldots, u_{r_1}\}$ é uma base de U_1. Além disso, A também está contido em U_2, e mais uma vez podemos completá-lo com vetores $v_1, \ldots, v_{r_2}$ de tal forma que $B_2 = \{w_1, \ldots, w_s, v_1, \ldots, v_{r_2}\}$ é uma base de U_2.

Afirmação: $\Gamma := \{u_1, \ldots, u_{r_1}, w_1, \ldots, w_s, v_1, \ldots, v_{r_2}\}$ é uma base de $U_1 + U_2$.

De fato, γ é LI pois

$$\alpha_1 u_1 + \cdots + \alpha_{r_1} u_{r_1} + \beta_1 w_1 + \cdots + \beta_s w_s + \delta_1 v_1 + \cdots + \delta_{r_2} v_{r_2} = 0 \tag{3.3}$$

implica em

$$U_1 \ni \alpha_1 u_1 + \cdots + \alpha_{r_1} u_{r_1} + \beta_1 w_1 + \cdots + \beta_s w_s = -\delta_1 v_1 - \cdots - \delta_{r_2} v_{r_2} \in U_2.$$

Logo,

$$-\delta_1 v_1 - \cdots - \delta_{r_2} v_{r_2} \in U_1 \cap U_2 = [w_1, \ldots, w_s].$$

Assim, existem escalares $\gamma_1, \ldots, \gamma_s$ tais que

$$-\delta_1 v_1 - \cdots - \delta_{r_2} v_{r_2} = \gamma_1 w_1 + \cdots + \gamma_s w_s,$$

implicando em

$$\delta_1 v_1 + \cdots + \delta_{r_2} v_{r_2} + \gamma_1 w_1 + \cdots + \gamma_s w_s = 0.$$

Desta forma, como B_2 é uma base de U_2, concluímos que $\delta_1 = \cdots = \delta_{r_2} = \gamma_1 = \cdots = \gamma_s = 0$. Portanto, a equação 3.3 reduz-se a

$$\alpha_1 u_1 + \cdots + \alpha_{r_1} u_{r_1} + \beta_1 w_1 + \cdots + \beta_s w_s = 0.$$

Portanto, como B_2 é uma base de U_2, segue-se que

$$\alpha_1 = \cdots = \alpha_{r_1} = \beta_1 = \cdots = \beta_s = 0$$

Então, concluímos que os vetores em Γ são LI.

Finalmente, mostraremos que os vetores em Γ geram $U_1 + U_2$. Com efeito, dado $w \in U_1 + U_2$ existem $u \in U_1$ e $v \in U_2$ tais que $w = u + v$. Como $u \in [B_1]$ e $v \in [B_2]$ segue que $w = u + v$ é uma combinação linear dos vetores em B_1 e B_2, isto é, w é uma combinação linear dos vetores $u_1, \ldots, u_{r_1}$, $w_1, \ldots, w_s$, $v_1, \ldots, v_{r_2}$. Portanto $U_1 + U_2 = [\Gamma]$.

Desta forma, Γ é uma base de $U_1 + U_2$ e concluímos que

$$\begin{aligned}
\dim(U_1 + U_2) &= r_1 + s + r_2 \\
&= (r_1 + s) + (r_2 + s) - s \\
&= \dim U_1 + \dim U_2 - \dim(U_1 \cap U_2).
\end{aligned}$$

■

Observação 3.3.13 *Supondo que* $V = U_1 + U_2$ *e que* $\dim U_1 + \dim U_2 > \dim V$*, segue da proposição anterior que* $U_1 \cap U_2 \neq \{0\}$. *Portanto a soma* $V = U_1 + U_2$ **não** *é direta.*

Exercícios propostos 3.3.14

1. Determine as dimensões dos subespaços de $\mathbb{R}^3$ abaixo.

   (a) $U_1 + U_2$, em que $U_1 = \{(x, y, z) \in \mathbb{R}^3 \ / \ z = 0\}$ e $U_2 = \{(x, y, z) \in \mathbb{R}^3 \ / \ y = 0\}$;

   (b) $V_1 + V_2$, em que $V_1 = \{(x, y, z) \in \mathbb{R}^3 \ / \ x + y - z = 0\}$ e $V_2 = \{(x, y, z) \in \mathbb{R}^3 \ / \ x = y, z = 2x\}$;

   (c) $W_1 + W_2$, em que $W_1 = \{(x, y, z) \in \mathbb{R}^3 \ / \ x = 2t, y = 3t, z = -5t, t \in \mathbb{R}\}$ e $W_2 = \{(x, y, z) \in \mathbb{R}^3 \ / \ x = -y = 3z\}$;

   (d) $Z_1 + Z_2 + Z_3$, em que $Z_1 = \{(x, y, z) \in \mathbb{R}^3 \ / \ z = 0\}$, $Z_2 = \{(x, y, z) \in \mathbb{R}^3 \ / \ y = -x, z = 4x\}$ e $Z_3 = \{(x, y, z) \in \mathbb{R}^3 \ / \ x = y = -z\}$;

2. Determine as dimensões dos seguintes subespaços de $\mathbb{R}_3[t]$.

   (a) $U_1 = \{a_0 + a_1 t + a_2 t^2 + a_3 t^3 \in \mathbb{R}_3[t] \ / \ a_0 = 0 \text{ e } a_2 = 0\}$;

(b) $U_2 = \{a_0 + a_1t + a_2t^2 + a_3t^3 \in \mathbb{R}_3[t] \ / \ a_1 = 0\}$;

(c) $U_1 + U_2$.

3. Determine as dimensões dos subespaços de $M_{3\times 3}(\mathbb{R})$.

(a) $N_1 = \{A \in M_{3\times 3}(\mathbb{R}) \ / \ A$ é triangular superior$\}$;

(b) $N_2 = \{A \in M_{3\times 3}(\mathbb{R}) \ / \ A$ é diagonal$\}$;

(c) $N_1 + N_2$.

3.4 Coordenadas de um vetor

Seja V um espaço vetorial de dimensão n e β uma base de V. Escolhida uma ordem para os vetores de β, chamaremos β de uma ***base ordenada*** de V. Desta forma, podemos falar em i-ésimo elemento da base.

Suponhamos que $\beta = \{v_1, v_2, \ldots, v_n\}$. Como sabemos (ver 3.1.10), dado um vetor $v \in V$ existem únicos escalares $x_1, x_2, \ldots, x_n \in \mathbb{K}$ tais que

$$v = x_1v_1 + x_2v_2 + \cdots + x_nv_n.$$

Devido a esta propriedade, diremos que os únicos escalares $x_1, x_2, \ldots, x_n \in \mathbb{K}$, são as ***coordenadas*** do vetor v na base ordenada $\beta = \{v_1, v_2, \ldots, v_n\}$. Chamaremos x_i de a i-ésima coordenada do vetor relativo à base β.

Organizaremos a sequência de escalares numa matriz coluna,

a saber,

$$v_\beta = \begin{bmatrix} x_1 \\ x_2 \\ \vdots \\ x_n \end{bmatrix}.$$

Iremos nos referir à v_β como sendo a matriz das coordenadas do vetor v na base ordenada β. Observe que a matriz depende da base e da ordem da base.

Exercício resolvido 3.4.1 *Mostre que o subconjunto de* $\mathbb{R}^3$, $\beta = \{(1,1,0),(0,1,0),(0,1,1)\}$, *é uma base de* $\mathbb{R}^3$ *e encontre as coordenadas do vetor* $v = (-1,2,-3)$ *nesta base.*

Solução: β é LI, pois se

$$a(1,1,0) + b(0,1,0) + c(0,1,1) = (0,0,0),$$

então $a = 0$, $a + b + c = 0$ e $c = 0$. Portanto $a = b = c = 0$. Logo β é uma base de $\mathbb{R}^3$, tendo em vista que $\dim \mathbb{R}^3 = 3$.

Além disso, a equação

$$(-1,2,-3) = x_1(1,1,0) + x_2(0,1,0) + x_3(0,1,1)$$

implica em $x_1 = -1$, $x_1 + x_2 + x_3 = 2$ e $x_3 = -3$. Daí concluímos que

$$x_1 = -1, x_2 = 6 \ \text{ e } \ x_3 = -3.$$

Desta forma

$$v_\beta = \begin{bmatrix} -1 \\ 6 \\ -3 \end{bmatrix}.$$

Exercício resolvido 3.4.2 *Determine, no espaço vetorial* $\mathbb{R}_3[x]$*, as coordenadas do vetor* $p(x) = 1 + x + x^2 - x^3$ *na base* $\beta = \{1, x + x^2, 1 + x^2, x^3\}$.

Resolução: Sejam a_0, a_1, a_2 e a_3 escalares tais que

$$p(x) = 1 + x + x^2 - x^3 = a_0.1 + a_1(x + x^2) + a_2(1 + x^2) + a_3x^3.$$

Desenvolvendo, obtemos

$$1 + x + x^2 - x^3 = (a_0 + a_2).1 + a_1x + (a_1 + a_2)x^2 + a_3x^3$$

e, portanto, $a_0 + a_2 = 1, a_1 = 1, a_1 + a_2 = 1$ e $a_3 = -1$. Então

$$a_0 = 1, a_1 = 1, a_2 = 0 \text{ e } a_3 = -1.$$

Desta forma concluímos que

$$[p(x)]_\beta = \begin{bmatrix} 1 \\ 1 \\ 0 \\ -1 \end{bmatrix}.$$

Exercícios propostos 3.4.3

1. Determine, em cada item, as coordenadas dos vetores $v = (-3, -1, 2)$ e $e_3 = (0, 0, 1) \in \mathbb{R}^3$;

   (a) na base canônica de $\mathbb{R}^3$;

   (b) na base $\beta = \{(1, 0, 0), (0, 1, 10), (1, -1, 1)\} \subset \mathbb{R}^3$;

   (c) na base $\gamma = \{(1, 3, 4), (2, 3, 2), (5, 7, 0)\} \subset \mathbb{R}^3$.

2. Determine as coordenadas do polinômio $p(t) \in \mathbb{R}_3[t]$, dado por $p(t) = 7 - t^2 + 3t^3$, em relação as seguintes bases de $\mathbb{R}_3[t]$.

   (a) base canônica;

   (b) na base $\beta = \{2, 1 - t, 1 - t^2, t - t^3\}$.

3. Assuma que $\varepsilon = \{v_1, v_2, \ldots, v_n\} \subset V$ é um conjunto de geradores linearmente dependente que não contém o vetor nulo. Exiba o vetor nulo como duas combinações lineares distintas.

Capítulo 4

Transformações lineares

No capítulo 3 introduzimos as ideias básicas associadas aos espaços vetoriais. Neste capítulo consideraremos as funções naturais entre eles, ou seja, as transformações que preservam a estrutura do espaço vetorial. Os únicos corpos considerados aqui são os corpos dos números reais e dos complexos.

4.1 Transformações lineares

Definição 4.1.1 *Sejam U e V espaços vetoriais sobre o mesmo corpo $\mathbb{K}$. Chamaremos de* ***transformação linear*** *de U em V qualquer função $T : U \to V$ tal que*

tl1) $T(u + v) = T(u) + T(v)$, *para quaisquer* $u, v \in U$;

tl2) $T(\alpha u) = \alpha T(u)$, *para todos* $u \in U$ *e* $\alpha \in \mathbb{K}$.

Quando $U = V$ diremos que T é um ***operador linear*** *de U.*

Diremos que T é uma transformação de U em V sempre supondo que os espaços vetoriais estão definidos sobre o mesmo corpo, evitando repetições enfadonhas.

Propriedades 4.1.2 *Uma transformação linear $T : U \to V$ possui as propriedades abaixo:*

1. $T(0) = 0$;

2. $T(-u) = -T(u), \ \forall u \in U$.

Demonstração: Basta observar que $T(0) = T(0+0) = T(0)+T(0)$ e, portanto, $T(0) = 0$;

Também, $T(-u) = T(-1.u) = -1.T(u) = -T(u)$ ■

Exemplos 4.1.3

1. A aplicação $Id_U : U \to U$, $Id_U(u) = u$, chamada de transformação identidade, é uma transformação linear de U em U.

2. Chamaremos de transformação linear identicamente nula de U em V a aplicação $T(u) = 0$ para todo $u \in U$, a qual é uma transformação linear.

3. A aplicação $T : \mathbb{C}^3 \to \mathbb{C}^2$, $T(x_1, x_2, x_3) = (x_3, x_1 - x_2)$, é uma transformação linear. De fato, considere os vetores $u = (x_1, x_2, x_3)$ e $v = (y_1, y_2, y_3)$ em $\mathbb{C}^3$ e um escalar $\alpha \in \mathbb{C}$. Então

$$\begin{aligned} T(u+v) &= T(x_1+y_1, x_2+y_2, x_3+y_3) \\ &= (x_3, x_1 - x_2) + (y_3, y_1 - y_2) \\ &= T(x_1, x_2, x_3) + T(y_1, y_2, y_3) \end{aligned}$$

e

$$\begin{aligned} T(\alpha u) &= T(\alpha x_1, \alpha x_2, \alpha x_3) \\ &= (\alpha x_3, \alpha x_1 - \alpha x_2) \\ &= \alpha(x_3, x_1 - x_2) \\ &= \alpha T(x_1, x_2, x_3). \end{aligned}$$

4. Fixado $\alpha_0 \in \mathbb{K}$, a aplicação $T : V \to V$, definida por $T(v) = \alpha_0 v$, é uma transformação linear chamada de homotetia.

5. Suponha que V é uma soma direta, digamos $V = V_1 \oplus V_2 \oplus \cdots \oplus V_k$. A projeção sobre V_i ao longo das outras parcelas é a transformação $\pi_i : V \to V$, dada por $\pi_i(v) = v_i$, em que $v = v_1 + v_2 + \cdots + v_k$ é a decomposição do vetor v determinada pela soma direta. A aplicação π_i é uma transformação linear.

Definição 4.1.4 *A cada transformação linear $T : U \to V$ estão associados os conjuntos:*

1. $Im(T) = \{T(u) \in V \ / \ u \in U\}$;

2. $Nuc(T) = \{u \in U \ / \ T(u) = 0\}$.

*O primeiro conjunto é chamado de **imagem** e o segundo de **núcleo** da transformação linear T.*

Proposição 4.1.5 *Seja $T : U \to V$ uma transformação linear. Então $Im(T)$ e $Nuc(T)$ são subespaços vetoriais de V e U respectivamente.*

Demonstração: Primeiramente, dados $T(u), T(v) \in \text{Im}\,(T)$ e um escalar $\alpha \in \mathbb{K}$, tem-se

$$T(u) + \alpha T(v) = T(u + \alpha v) \in \text{Im}\,(T)$$

mostrando que $\text{Im}\,(T)$ é um subespaço de V.

Agora, dados $u, v \in \text{Nuc}\,(T)$ e um escalar $\alpha \in \mathbb{K}$, temos que

$$T(u + \alpha v) = T(u) + \alpha T(v) = 0 + \alpha 0 = 0 \Rightarrow u + \alpha v \in \text{Nuc}\,(T)$$

concluindo que $\text{Nuc}\,(T)$ é um subespaço de U. ■

Definição 4.1.6 *Uma transformação linear $T : U \to V$ é chamada de:*

1. *injetora se $T(u) = T(v)$ implicar em $u = v$;*
2. *sobrejetora se para todo $v \in V$ existir um vetor $u \in U$ tal que $T(u) = v$;*
3. *bijetora se for injetora e sobrejetora.*

Uma transformação linear bijetora será chamada de um ***isomorfismo****. Neste caso diremos que U e V são* ***isomorfos****.*

Proposição 4.1.7 *Seja $T : U \to V$ uma transformação linear. Então*

a) T é injetiva se, e somente se, $Nuc\,(T) = \{0\}$;

b) T é sobrejetiva se, e somente se, $Im\,(T) = V$.

Demonstração: a) T injetiva e $u \in \text{Nuc}\,(T) \Rightarrow T(u) = 0 = T(0)$ $\Rightarrow u = 0 \Rightarrow \text{Nuc}\,(T) = \{0\}$.

Agora, se $\text{Nuc}\,(T) = \{0\}$ e $T(u) = T(v) \Rightarrow T(u - v) = 0 \Rightarrow$ $u = v$ e, portanto, T é injetiva.

b) Este resultado segue diretamente das definições de sobrejetividade e de $\text{Im}\,(T)$. ■

Exercício resolvido 4.1.8 *Determine uma base para o núcleo e outra para a imagem da transformação linear* $T : \mathbb{R}^3 \to \mathbb{R}^3$ *dada por* $T(x, y, z) = (x + y, x - z, 2x + y - z)$.

Solução: Primeiramente determinaremos uma base para o núcleo de T. De fato, $(x, y, z) \in \text{Nuc}\,(T)$ então

$$T(x, y, z) = (x + y, x - z, 2x + y - z) = (0, 0, 0)$$

e, portanto,

$$\begin{cases} x + y = 0 \\ x - z = 0 \\ 2x + y - z = 0 \end{cases} \Longrightarrow x = -y = z.$$

Desta forma, concluímos que

$$\begin{aligned} \text{Nuc}\,(T) &= \{(x, y, z) \in \mathbb{R}^3 \ / \ x = -y = z\} \\ &= \{(x, -x, x) \in \mathbb{R}^3 \ / \ x \in \mathbb{R}\} \\ &= [(1, -1, 1)]. \end{aligned}$$

Agora,

$$\text{Im}\,(T) = \{(a,b,c) \in \mathbb{R}^3 \;/\; \exists\,(x,y,z) \in \mathbb{R}^3 \text{ com } T(x,y,z) = (a,b,c)\},$$

isto é,

$$\begin{cases} x + y = a \\ x - z = b \\ 2x + y - z = c \end{cases}$$

Observe que, $a + b = c$. Portanto,

$$\begin{aligned} \text{Im}\,(T) &= \{(a,b,a+b) \in \mathbb{R}^3 \;/\; a,b \in \mathbb{R}\} \\ &= \{a(1,0,1) + b(0,1,1) \;/\; a,b \in \mathbb{R}\} \\ &= [(1,0,1),(0,1,1)]. \end{aligned}$$

□

Observação 4.1.9 *Toda transformação linear* $T : U \to V$ *fica inteiramente determinada pelos vetores* $T(u_1), \ldots, T(u_n)$*, em que* $\beta = \{u_1, \ldots, u_n\}$ *é uma base qualquer de* U*.*

De fato, dado $u \in U$ existem únicos escalares $\alpha_1, \ldots, \alpha_n \in \mathbb{K}$ tais que $u = \alpha_1 u_1 + \cdots + \alpha_n u_n$. Deste modo,

$$T(u) = T(\alpha_1 u_1 + \cdots + \alpha_n u_n) = \alpha_1 T(u_1) + \cdots + \alpha_n T(u_n).$$

Exercícios propostos 4.1.10

1. Em cada caso, determine uma base para o núcleo e outra para a imagem das transformações lineares.

(a) $T : \mathbb{R}^2 \to \mathbb{R}^3$, definida por

$$T(x, y) = (2x - 3y, x + 5y);$$

(b) $S : \mathbb{R}^2 \to \mathbb{R}^3$, definida por

$$S(x, y) = (2x - 3y, -4x + 6y);$$

(c) $R : \mathbb{R}^3 \to \mathbb{R}^3$, definida por

$$R(x, y, z) = (x + y + z, x + 2y, 2x + 2z);$$

(d) $D : \mathbb{R}_3[t] \to \mathbb{R}_2[t]$, definida por

$$D(p(t)) = p'(t);$$

(e) $L : M_{2\times 2} \to \mathbb{R}^2$, definida por

$$L\left(\begin{bmatrix} a & b \\ c & d \end{bmatrix}\right) = (a + d, b + c);$$

(f) $H : M_{2\times 2} \to \mathbb{R}^3$, definida por

$$H\left(\begin{bmatrix} a & b \\ c & d \end{bmatrix}\right) = (a + d, b + c, a - b - c + d).$$

2. Mostre que a inversa de um isomorfismo linear $T : U \to V$ também é um isomorfismo linear.

3. Se $T : U \to V$ e $S : V \to W$ são isomorfismos lineares, prove que a composta $S \circ T : V \to W$ é um isomorfismo linear tal que $(S \circ T)^{-1} = T^{-1} \circ S^{-1}$.

4. Quais das aplicações abaixo são transformações lineares?

   (a) $A : \mathbb{R}^2 \to \mathbb{R}^2, A(x, y) = (xy, y)$;

   (b) $B : \mathbb{C}^3 \to \mathbb{C}^2, B(x, y, z) = (2x, iy, x - iz)$;

   (c) $C : \mathbb{C} \to \mathbb{R}, C(z) = a - b$, onde a é a parte real e b é a parte imaginária de z;

   (d) $D : R_3[x] \to \mathbb{R}_2[x]$, $D(p(x)) = p'(x)$.

5. Verifique quais das transformações lineares abaixo são isomorfismos.

   (a) $T : \mathbb{R}^4 \to \mathbb{R}_3[t]$ definida por

   $$T(a_0, a_1, a_2, a_3) = a_0 + a_1 t + a_2 t^2 + a_3 t^3;$$

   (b) $S : \mathbb{R}^4 \to M_{2\times 2}(\mathbb{R})$ em que

   $$S(a, b, c, d) = \begin{bmatrix} a & b \\ c & d \end{bmatrix};$$

   (c) $L : \mathbb{R}^3 \to \mathbb{R}^3$ definida por

   $$L(x, y, z) = (x - y, y - z, z - x);$$

   (d) $J : \mathbb{C}^2 \to \mathbb{R}^4$ definida por

   $$J(z_1, z_2) = (a_1, b_1, a_2, b_2)$$

   em que $z_1 = a_1 + ib_1$ e $z_2 = a_2 + ib_2$.

6. Assumindo que V é um espaço vetorial sobre o corpo $\mathbb{K}$, mostre que toda transformação linear $T : \mathbb{K} \to V$ é da forma

$T(x) = xv_0$, para algum $v_0 \in V$.

7. Dada uma transformação linear $T : U \to V$ definimos o gráfico de T como sendo o conjunto

$$graf(T) = \{(u, T(u)) \ / \ u \in U\} \subset U \times V.$$

   (a) Prove que $graf(T)$ é um subespaço de $U \times V$;

   (b) Calcule a dimensão do gráfico de T, sabendo-se que $\dim U = n$.

8. Seja $T : U \to U$ um operador linear. Mostre que

$$V = \operatorname{Im} T \oplus \operatorname{Nuc} T \iff \operatorname{Im} T \cap \operatorname{Nuc} T = \{0\}.$$

4.1.1 O espaço das transformações lineares

Trataremos agora do conjunto $\mathscr{L}(U, V)$ formado por todas as transformações lineares $T : U \to V$, em que U e V são espaços vetoriais sobre o mesmo corpo $\mathbb{K}$, munido das operações de soma vetorial

$$(T + S)(u) = T(u) + S(u)$$

e produto por escalar

$$(\alpha T)(u) = \alpha T(u)$$

para quaisquer $T, S \in \mathscr{L}(U, V)$ e $\alpha \in \mathbb{K}$.

Observação: É evidente que dados $T, S \in \mathscr{L}(U, V)$ e $\alpha \in \mathbb{K}$ tem-se que $T + S \in \mathscr{L}(U,V)$ e $\alpha T \in \mathscr{L}(U,V)$. Com efeito,

$$\begin{aligned} (T+S)(u+\lambda v) &= T(u+\lambda v) + S(u+\lambda v) \\ &= T(u) + \lambda T(v) + S(u) + \lambda S(v) \\ &= (T+S)(u) + \lambda (T+S)(v) \end{aligned}$$

e

$$\begin{aligned} (\alpha T)(u+\lambda v) &= \alpha T(u+\lambda v) \\ &= \alpha T(u) + \alpha\lambda T(v) \\ &= (\alpha T)(u) + \lambda(\alpha T)(v). \end{aligned}$$

Proposição 4.1.11 *O conjunto $\mathscr{L}(U,V)$, com as operações definidas acima, é um espaço vetorial cujo elemento neutro é a transformação linear identicamente nula $O : U \to V$, $O(u) = 0$ para todo $u \in U$, e cujo inverso aditivo de $T \in \mathscr{L}(U,V)$ é a transformação definida por $(-T)(u) = -T(u)$.*

Demonstração: A demonstração é um simples exercício e deixaremos a cargo do leitor. ■

Proposição 4.1.12 *A composição de transformações lineares também é uma transformação linear.*

Demonstração: Dados $T \in \mathscr{L}(U,V)$ e $S \in \mathscr{L}(V,W)$ então

$$\begin{aligned} S \circ T(u+\alpha v) &= S(T(u+\alpha v)) \\ &= S(T(u) + \alpha T(v)) \\ &= S(T(u)) + \alpha S(T(v)) \\ &= (S \circ T)(u) + \alpha (S \circ T)(v). \end{aligned}$$

■

Exercícios propostos 4.1.13

1. Considere as transformações lineares $T : \mathbb{R}^3 \to \mathbb{R}^3$, $S : \mathbb{R}^3 \to \mathbb{R}^3$ e $L : \mathbb{R}^2 \to \mathbb{R}^3$, definidas por

$$T(x, y, z) = (x - z, y - x, z - 2y),$$

$$S(x, y, z) = (z + x, x + y, y + z)$$

e

$$L(x, y) = (y, x, x + y).$$

Determine:

(a) $T \circ S$;

(b) $S \circ L$;

(c) $I_{\mathbb{R}^3} - T + 2T^2$, em que $T^2 = T \circ T$;

(d) $S \circ L + T \circ L$.

2. Prove as afirmações a seguir.

(a) $T \circ (S + R) = T \circ S + T \circ R$ para quaisquer $S, R \in \mathscr{L}(U, V)$ e $T \in \mathscr{L}(V, W)$;

(b) $(T + S) \circ R = T \circ R + S \circ R$ para quaisquer $T, S \in \mathscr{L}(V, W)$ e $R \in L(U, V)$;

(c) $T \circ (S \circ R) = (T \circ S) \circ R$ para quaisquer $T \in \mathscr{L}(W, Y)$, $S \in \mathscr{L}(V, W)$ e $R \in \mathscr{L}(U, V)$;

(d) $T \circ Id_U = T$ para qualquer $T \in \mathscr{L}(U, V)$ em que Id_U é a aplicação identidade de U. Da mesma forma $Id_W \circ S = S$ para qualquer $S \in L(V, W)$.

3. Suponha que $V = V_1 \oplus V_2 \oplus \cdots \oplus V_k$ é uma decomposição em soma direta do espaço vetorial V. Seja $\pi_i : V \to V_i$ a projeção sobre V_i ao longo das outras parcelas. Mostre que

   (a) $\pi_i \circ \pi_i \equiv \pi_i$;

   (b) $\pi_i \circ \pi_j \equiv 0$ se $i \neq j$;

   (c) $Id_V \equiv \pi_1 + \pi_2 + \cdots + \pi_k$.

Suponhamos agora que U e V são espaços vetoriais de dimensão finita sobre o corpo $\mathbb{K}$ com bases, respectivamente, $\beta = \{u_1, \ldots, u_n\}$ e $\gamma = \{v_1, \ldots, v_m\}$. Dado um vetor $u \in U$, sabemos que existem únicos escalares $x_1, \ldots, x_n \in \mathbb{K}$ tais que

$$u = x_1u_1 + \cdots + x_nu_n.$$

Para cada $i \in \{1, \ldots, n\}$ e $j \in \{1, \ldots, m\}$ definimos a aplicação $T_{ij} : U \to V$ por

$$T_{ij}(u) = x_iv_j.$$

É imediato que T_{ij} é uma transformação linear pois, dados $u, w \in U$ e $\alpha \in \mathbb{K}$, tem-se que existem únicos escalares $x_i, y_i \in \mathbb{K}$ tais que $u = x_1u_1 + \cdots + x_nu_n$ e $w = y_1u_1 + \cdots + y_nu_n$. Portanto,

$$\begin{aligned} T_{ij}(u + \alpha w) &= T_{ij}((x_1 + \alpha y_1)u_1 + \cdots + (x_n + \alpha y_n)u_n) \\ &= (x_i + \alpha y_i)v_j \\ &= T_{ij}(u) + \alpha T_{ij}(w). \end{aligned}$$

Proposição 4.1.14 *Sejam U e V espaços vetoriais de dimensão finita sobre o corpo $\mathbb{K}$ com $\dim U = n$ e $\dim V = m$. Então $\dim \mathscr{L}(U, V) = n.m$.*

Demonstração: Observe inicialmente que

$$T_{ij}(u_k) = \begin{cases} v_j, & \text{se } i = k; \\ 0, & \text{se } i \neq k. \end{cases}$$

Afirmação: O conjunto

$$\beta = \{T_{ij} \;/\; i \in \{1, \dots, n\} \text{ e } j \in \{1, \dots, m\}\}$$

é uma base de $\mathscr{L}(U, V)$.

De fato, se $\sum_{i=1}^{n} \sum_{j=1}^{m} \alpha_{ij} T_{ij} = 0$ então, para cada $k \in \{1, \dots, n\}$ tem-se

$$\begin{aligned} 0 &= \sum_{i=1}^{n} \sum_{j=1}^{m} \alpha_{ij} T_{ij}(u_k) = \sum_{j=1}^{m} \sum_{i=1}^{n} \alpha_{ij} T_{ij}(u_k) \\ &= \sum_{j=1}^{m} \alpha_{kj} T_{kj}(u_k) = \sum_{j=1}^{m} \alpha_{kj} v_j \end{aligned}$$

e como $v_1, \dots, v_m$ são LI, segue-se que $\alpha_{k1} = \cdots = \alpha_{km}$ para cada $k \in \{1, \dots, n\}$. Logo o conjunto β é LI.

Além disso, β também gera $\mathscr{L}(U, V)$, pois tomando $T \in \mathscr{L}(U, V)$ tem-se que

$$T(u) = x_1 T(u_1) + \cdots + x_n T(u_n)$$

em que $u = x_1 u_1 + \cdots + x_n u_n$. Entretanto, observe que para cada u_i, existem escalares $\alpha_{1i}, \dots, \alpha_{mi} \in \mathbb{K}$ tais que

$$T(u_i) = \alpha_{1i} v_1 + \cdots + \alpha_{mi} v_m.$$

Portanto,

$$\begin{aligned} T(u) &= x_1T(u_1) + \cdots + x_nT(u_n) \\ &= x_1(\alpha_{11}v_1 + \cdots + \alpha_{m1}v_m) + \cdots + x_n(\alpha_{1n}v_1 + \cdots + \alpha_{mn}v_m) \\ &= \alpha_{11}x_1v_1 + \cdots + \alpha_{m1}x_1v_m + \cdots + \alpha_{1n}x_nv_1 + \cdots + \alpha_{mn}x_nv_m \\ &= \alpha_{11}T_{11}(u) + \cdots + \alpha_{m1}T_{1m}(u) + \cdots \\ &\qquad \cdots + \alpha_{1n}T_{n1}(u) + \cdots + \alpha_{mn}T_{nm}(u), \end{aligned}$$

$\forall u \in U$. Isto é,

$$T = \alpha_{11}T_{11} + \cdots + \alpha_{mn}T_{nm}.$$

Desta forma, concluímos que β é uma base de $\mathscr{L}(U, V)$ e, portanto,, $\dim \mathscr{L}(U, V) = n.m$ ■

Definição 4.1.15 *Definimos o espaço* ***dual*** *de um espaço vetorial U, como sendo o espaço vetorial $U^* = \mathscr{L}(U, \mathbb{K})$. Isto é, o dual de U é formado por todas as transformações lineares $T : U \to \mathbb{K}$. Estas transformações lineares são chamadas de* ***funcionais lineares*** *definidos em U.*

Corolário 4.1.16 $\dim U^* = \dim U$.

Demonstração: Pela proposição anterior

$$\dim U^* = \dim \mathscr{L}(U, \mathbb{K}) = \dim U.$$

■

Exercícios propostos 4.1.17

1. Sejam U um espaço vetorial de dimensão finita sobre o corpo $\mathbb{K}$ e $\beta = \{u_1, u_2, \ldots, u_n\}$ uma base de U. Mostre que $\beta^* = \{f_1, f_2, \ldots, f_n\}$, em que

$$f_i : U \to \mathbb{K}, \quad f_i(u_k) = \begin{cases} 1, & \text{se } i = k; \\ 0, & \text{se } i \neq k \end{cases},$$

é uma base do espaço dual U^*.

2. Sejam $f \in U^*$ um funcional linear qualquer e $\beta = \{u_1, u_2, \ldots, u_n\}$ uma base de U.

   (a) Mostre que

   $$f \equiv f(u_1)f_1 + f(u_2)f_2 + \cdots + f(u_n)f_n.$$

   em que f_i, $i = 1, 2, \ldots, n$ são os funcionais do exercício anterior.

   (b) Determine os coeficientes da matriz de f na base ordenada β.

4.1.2 O teorema do núcleo e da imagem

Proposição 4.1.18 *Sejam U e V espaços vetoriais, $W \subset U$ um subespaço vetorial de U e $T \in \mathscr{L}(U, V)$. Então*

$$T(W) = \{T(w) \ / \ w \in W\}$$

é um subespaço vetorial de V chamado de o subespaço imagem de W pela transfomação linear T.

Teorema 4.1.1 (do núcleo e da imagem) *Sejam U e V espaços vetoriais em que U tem dimensão finita e $T \in \mathscr{L}(U, V)$. Então*

$$\dim U = \dim NucT + \dim ImT.$$

Demonstração: O teorema do completamento (teorema 3.3.2) nos permite tomar uma base $\beta = \{u_1, \ldots, u_k, u_{k+1}, \ldots, u_n\}$ de tal forma que $\eta = \{u_1, \ldots, u_k\}$ é uma base do núcleo de T.

Afirmação: $\gamma = \{T(u_{k+1}), \ldots, T(u_n)\}$ é uma base de $\operatorname{Im} T$.

Com efeito, dado $T(u) \in \operatorname{Im} T$, existem escalares $\alpha_1, \ldots, \alpha_n$ tais que $u = \alpha_1 u_1 + \cdots + \alpha_n u_n$. Portanto,

$$\begin{aligned} T(u) &= T(\alpha_1 u_1 + \cdots + \alpha_n u_n) \\ &= \alpha_1 T(u_1) + \cdots + \alpha_k T(u_k) + \alpha_{k+1} T(u_{k+1}) + \cdots + \alpha_n T(u_n) \\ &= \alpha_{k+1} T(u_{k+1}) + \cdots + \alpha_n T(u_n). \end{aligned}$$

Logo, $\operatorname{Im} T = [\gamma]$.

Além disso, se $\alpha_{k+1}, \ldots, \alpha_n \in \mathbb{K}$ são tais que

$$\alpha_{k+1} T(u_{k+1}) + \cdots + \alpha_n T(u_n) = 0,$$

então

$$T(\alpha_{k+1} u_{k+1} + \cdots + \alpha_n u_n) = 0$$

e, portanto, $\alpha_{k+1} u_{k+1} + \cdots + \alpha_n u_n \in \operatorname{Nuc} T = [\eta]$. Logo existem escalares $\alpha_1, \ldots, \alpha_k \in \mathbb{K}$ tais que

$$\alpha_{k+1}u_{k+1} + \cdots + \alpha_n u_n = \alpha_1 u_1 + \cdots + \alpha_k u_k.$$

Desta forma

$$\alpha_1 u_1 + \cdots + \alpha_k u_k - \alpha_{k+1}u_{k+1} - \cdots - \alpha_n u_n = 0.$$

Como β é base de U, segue-se que $\alpha_1 = \cdots = \alpha_n = 0$. Em particular $\alpha_{k+1} = \cdots = \alpha_n = 0$ e, portanto, γ é LI, provando a afirmação.

Para concluir, observe que

$$\dim U = n = k + (n-k) = \dim \operatorname{Nuc} T + \dim \operatorname{Im} T.$$

■

Corolário 4.1.19 *Sejam U um espaço vetorial de dimensão finita e $T : U \to U$ um operador linear. Se T é sobrejetivo ou injetivo então T é um isomorfismo.*

Demonstração: Se T é injetivo então $\operatorname{Nuc} T = \{0\}$ (proposição 4.1.7) e, portanto, $\dim \operatorname{Nuc} T = 0$. Logo, pelo teorema do núcleo e da imagem (teorema 4.1.1) tem-se que $\dim U = \dim \operatorname{Im} T$. Assim, pela proposição 3.3.10 segue-se que $\operatorname{Im} T = U$ e, portanto, T é sobrejetiva (proposição 4.1.7). Logo T é um isomorfismo.

Agora, se T é sobrejetivo então $\operatorname{Im} T = U$ implicando em $\dim U = \dim \operatorname{Im} T$ e pelo teorema do núcleo e da imagem tem-se que $\dim \operatorname{Nuc} T = 0$. Daí concluímos que $\operatorname{Nuc} T = \{0\}$ mostrando que T é injetiva. Logo T é um isomorfismo. ■

Corolário 4.1.20 *Se U e V são espaços vetoriais de mesma dimensão finita n sobre o mesmo corpo $\mathbb{K}$, então estes são isomorfos.*

Demonstração: Sejam $\beta = \{u_1, \ldots, u_n\}$ uma base de U e $\gamma = \{v_1, \ldots, v_n\}$ uma base de V. Dado $u \in U$, sejam $\alpha_1, \ldots, \alpha_n \in \mathbb{K}$ os únicos escalares tais que $u = \alpha_1 u_1 + \cdots + \alpha_n u_n$. Definimos a transformação linear $T : U \to V$ por

$$T(u) = T(\alpha_1 u_1 + \cdots + \alpha_n u_n) = \alpha_1 v_1 + \cdots + \alpha_n v_n.$$

Observe que $T(u_i) = v_i$, para todo $i = 1, \ldots, n$.

Claramente T é uma transformação linear sobrejetora. Portanto, pelo resultado anterior, T é um isomorfismo. ∎

Exercícios propostos 4.1.21

1. Em cada item abaixo, construa uma transformação linear $T : \mathbb{R}^3 \to \mathbb{R}^n$ satisfazendo $T(e_i) = w_i$, em que $\alpha = \{e_1, e_2, e_3\}$ é a base canônica de $\mathbb{R}^3$ e $\beta = \{v_1, v_2, v_3\} \subset \mathbb{R}^n$.

   (a) $\beta = \{(1, -1), (2, -1), (1, 3)\} \subset \mathbb{R}^2$;

   (b) $\beta = \{(1, 1, 1), (1, 0, 1), (2, 3, 0)\} \subset \mathbb{R}^3$;

   (c) $\beta = \{(0, 1, 1, 1), (0, 2, 0, -1), (1, 0, 2, 0)\} \subset \mathbb{R}^4$.

2. Para cada uma das transformações lineares do exercício anterior, encontre uma base para o núcleo e uma base para a imagem.

3. Sejam U e V espaços vetoriais, em que $\dim U \geq 1$ e $\dim V = 1$. Mostre que qualquer transformação linear não nula $T : U \to V$ é sobrejetora.

4. Sejam $a_1, \ldots, a_n \in \mathbb{K}$ não todos nulos. Mostre que o hiperplano $H = \{(x_1, \ldots, x_n) \in \mathbb{K}^n \ / \ a_1x_1 + \cdots + a_nx_n = 0\}$ é um subespaço vetorial de $\mathbb{K}^n$ de dimensão $n-1$.

5. Prove que a inversa de um isomorfismo linear também é um isomorfismo linear.

4.1.3 Representação matricial

Agora passamos a descrever o processo pelo qual associamos uma matriz a uma transformação linear entre espaços vetoriais de dimensão finita sobre o mesmo corpo $\mathbb{K}$.

Matriz de uma transformação linear

Sejam U e V espaços vetoriais de dimensões finitas com bases ordenadas, respectivamente, $\beta = \{u_1, \ldots, u_n\}$ e $\gamma = \{v_1, \ldots, v_m\}$. Dada uma transformação linear $T : U \to V$, para cada $j = 1, \ldots, n$, existem únicos escalares $a_{1j}, \ldots, a_{mj} \in \mathbb{K}$ tais que

$$T(u_j) = a_{1j}v_1 + \cdots + a_{mj}v_m.$$

A ***matriz de T relativa as bases ordenadas*** β ***e*** γ é a matriz de ordem $m \times n$, com coordenadas em $\mathbb{K}$, definida por

$$[T]_\beta^\gamma = \begin{bmatrix} a_{11} & a_{12} & \cdots & a_{1n} \\ a_{21} & a_{22} & \cdots & a_{2n} \\ \vdots & \vdots & \ddots & \vdots \\ a_{m1} & a_{m2} & \cdots & a_{mn} \end{bmatrix}.$$

Observações 4.1.22

1. A j-ésima coluna da matriz $[T]_\beta^\gamma$ é exatamente a matriz coluna das coordenadas do vetor $T(u_j)$ na base ordenada γ.

2. A partir da matriz $[T]_\beta^\gamma$ podemos recuperar a trasnformação linear $T : U \to V$ através da identidade

$$T(u_j) = a_{1j}v_1 + a_{2j}v_2 + \cdots + a_{mj}v_m.$$

3. A matriz $[T]_\beta^\gamma$ depende das bases β e γ.

Exercício resolvido 4.1.23 *Determinar as matrizes da transformação linear $T : \mathbb{R}^2 \to \mathbb{R}^3$, em que $T(x, y) = (y, x - y, y - x)$, nas bases dadas.*

a) $\alpha = \{(1,0),(0,1)\}$ *de* $\mathbb{R}^2$ *e* $\delta = \{(1,0,0),(0,1,0),(0,0,1)\}$ *de* $\mathbb{R}^3$*;*

b) $\beta = \{(2,1),(1,-1)\}$ *de* $\mathbb{R}^2$ *e* $\gamma = \{(1,1,0),(0,1,1),(-1,0,2)\}$ *de* $\mathbb{R}^3$*.*

Solução:

a)

$$\begin{aligned} T(1,0) &= (0,1,-1) = 0(1,0,0) + 1(0,1,0) - 1(0,0,1) \\ T(0,1) &= (1,-1,1) = 1(1,0,0) - 1(0,1,0) + 1(0,0,1). \end{aligned}$$

portanto,

$$[T]_\alpha^\delta = \begin{bmatrix} 0 & 1 \\ 1 & -1 \\ -1 & 1 \end{bmatrix}.$$

b)

$$\begin{aligned} T(2,1) &= (1,1,-1) = 0(1,1,0) + 1(0,1,1) - 1(-1,0,2) \\ T(1,-1) &= (-1,2,-2) = -6(1,1,0) + 8(0,1,1) - 5(-1,0,2). \end{aligned}$$

portanto,

$$[T]_{\beta}^{\gamma} = \begin{bmatrix} 0 & -6 \\ 1 & 8 \\ -1 & -5 \end{bmatrix}.$$

Definição 4.1.24 *Sejam U um espaço vetorial de dimensão finita, $\beta = \{u_1, \ldots, u_n\}$ e $\gamma = \{v_1, \ldots, v_n\}$ bases de U. Definimos a* ***matriz de mudança da base β para a base γ*** *de U como sendo a matriz do operador identidade $Id_U : U \to U$. Isto é, a matriz $[Id_U]_{\beta}^{\gamma}$.*

Exemplo 4.1.25 *Consideremos as bases $\beta = \{(1,2),(0,-1)\}$ e $\gamma = \{(2,0),\ (1,1)\}$ de $\mathbb{R}^2$.*

Observemos que

$$\begin{aligned} Id_{\mathbb{R}^2}(1,2) &= (1,2) = -\frac{1}{2}(2,0) + 2(1,1) \\ Id_{\mathbb{R}^2}(0,-1) &= (0,-1) = \frac{1}{2}(2,0) - 1(1,1) \end{aligned}$$

portanto, a matriz de mudança da base β para a base γ de $\mathbb{R}^2$ é a matriz

$$[Id_{\mathbb{R}^2}]_{\beta}^{\gamma} = \begin{bmatrix} -\frac{1}{2} & \frac{1}{2} \\ 2 & -1 \end{bmatrix}.$$

Teorema da representação

Lema 4.1.26 *Suponha que U e V sejam espaços vetoriais de dimensões finitas sobre o mesmo corpo $\mathbb{K}$ e que β e γ sejam bases ordenadas de U e V, respectivamente. Se $T, S \in \mathscr{L}(U,V)$ então*

$$[T+\lambda S]_\beta^\gamma = [T]_\beta^\gamma + \lambda[S]_\beta^\gamma,\ \forall\ \lambda \in \mathbb{K}.$$

Demonstração: Primeiramente, explicitemos as bases ordenadas

$$\beta = \{u_1, \dots, u_n\} \text{ e } \gamma = \{v_1, \dots, v_m\}$$

e escrevemos, para cada $j \in \{1, \dots, n\}$, as combinações lineares

$$\begin{aligned} T(u_j) &= a_{1j}v_1 + a_{2j}v_2 + \cdots + a_{mj}v_m, \\ S(u_j) &= b_{1j}v_1 + b_{2j}v_2 + \cdots + b_{mj}v_m. \end{aligned}$$

Sabemos que as representações matriciais de T e de S nessas bases são, respectivamente, $[T]_\beta^\gamma = [a_{ij}]$ e $[S]_\beta^\gamma = [b_{ij}]$. Além disso, dado um escalar $\lambda \in \mathbb{K}$, tem-se que

$$(T+\lambda S)(u_j) = (a_{1j}+\lambda b_{1j})v_1 + (a_{2j}+\lambda b_{2j})v_2 + \cdots + (a_{mj}+\lambda b_{mj})v_m.$$

Portanto, $[T+\lambda S]_\beta^\gamma = [a_{ij}+\lambda b_{ij}]$. Daí, segue a identidade matricial

$$[T+\lambda S]_\beta^\gamma = [a_{ij}+\lambda b_{ij}] = [a_{ij}] + \lambda[b_{ij}] = [T]_\beta^\gamma + \lambda[S]_\beta^\gamma. \qquad \blacksquare$$

Teorema 4.1.2 (Teorema da representação) *Suponha que U e V sejam espaços vetoriais de dimensões finitas sobre o mesmo corpo $\mathbb{K}$ e que β e γ sejam bases ordenadas de U e V, respectivamente, com n e m vetores. Então a aplicação $\Psi : \mathscr{L}(U,V) \to M_{m\times n}(\mathbb{K})$,*

$\Psi(T) = [T]_\beta^\gamma$, *é um isomorfismo linear. Em particular,*

$$\dim \mathscr{L}(U, V) = \dim U \cdot \dim V.$$

Demonstração: Pelo lema anterior, Ψ é linear, pois

$$\Psi(T + \lambda S) = [T + \lambda S]_\beta^\gamma = [T]_\beta^\gamma + \lambda [S]_\beta^\gamma = \Psi(T) + \lambda \Psi(S).$$

Examinemos agora a injetividade de Ψ. Primeiramente, sejam

$$\beta = \{u_1, \ldots, u_n\} \quad \text{e} \quad \gamma = \{v_1, \ldots, v_m\}.$$

Dado $T \in \operatorname{Nuc} \Psi$ então $\Psi(T) = [a_{ij}]$ é a matriz nula. Desta forma, como a j-ésima coluna de $[a_{ij}]$ é a matriz coluna das coordenadas de $T(u_j)$ na base γ, segue-se que $T(u_j) = 0$ para todo $j \in \{1, \ldots, n\}$. Logo $T \equiv 0$. Assim, $\operatorname{Nuc} \Psi = \{0\}$ implicando na injetividade de Ψ.

Para provar a sobrejetividade de Ψ, seja $M = [a_{ij}] \in M_{n \times m}(\mathbb{K})$ uma matriz qualquer. Defina

$$T(u_j) = a_{1j} v_1 + a_{2j} v_2 + \cdots + a_{mj} v_m.$$

Portanto, a transfomação $T \in \mathscr{L}(U, V)$ é tal que $[T]_\beta^\gamma = M$. Desta forma Ψ é sobrejetiva.

Assim, Ψ é um isomorfismo e como estes preservam dimensões, segue-se que

$$\dim \mathscr{L}(U, V) = \dim M_{n \times m}(\mathbb{K}) = \dim U . \dim V$$

■

Observação: Note que a transformação linear $\Psi : \mathscr{L}(U,V) \to M_{m\times n}(\mathbb{K})$, $\Psi(T) = [T]_\beta^\gamma$ tem uma representação que depende da escolha das bases ordenadas. Além disso, a proposição seguinte nos mostra qual a relação entre as coordenadas de um vetor $u \in U$ na base β com as coordenadas do vetor $T(u) \in V$ na base γ.

Proposição 4.1.27 *Sejam U e V espaços vetoriais de dimensões finitas sobre o mesmo corpo $\mathbb{K}$, β e γ bases ordenadas de U e V, respectivamente. Então, dada uma transformação linear $T : U \to V$, tem-se que*

$$[T(u)]_\gamma = [T]_\beta^\gamma [u]_\beta$$

Demonstração: Sejam

$$\beta = \{u_1, \ldots, u_n\} \quad \text{e} \quad \gamma = \{v_1, \ldots, v_m\}.$$

Assuma que

$$[u]_\beta = \begin{bmatrix} x_1 \\ x_2 \\ \vdots \\ x_n \end{bmatrix} \quad \text{e} \quad [T]_\beta^\gamma = \begin{bmatrix} a_{11} & a_{12} & \cdots & a_{1n} \\ a_{21} & a_{22} & \cdots & a_{2n} \\ \vdots & \vdots & \ddots & \vdots \\ a_{m1} & a_{m2} & \cdots & a_{mn} \end{bmatrix}.$$

Então $u = x_1u_1 + x_2u_2 + \cdots + x_nu_n = \sum_{j=1}^n x_ju_j$. Assim, avaliando T em u, obtemos

$$
\begin{aligned}
T(u) &= T(\sum_{j=1}^{n} x_j u_j) \\
&= \sum_{j=1}^{n} x_j T(u_j) \\
&= \sum_{j=1}^{n} x_j (a_{1j} v_1 + a_{2j} v_2 + \cdots a_{mj} v_m) \\
&= \sum_{j=1}^{n} x_j \sum_{i=1}^{m} a_{ij} v_i
\end{aligned}
$$

$$
\begin{aligned}
&= \sum_{j=1}^{n} \sum_{i=1}^{m} x_j a_{ij} v_i \\
&= \sum_{i=1}^{m} (\sum_{j=1}^{n} x_j a_{ij}) v_i.
\end{aligned}
$$

Pela definição de matriz das coordenadas de um vetor na base γ, temos

$$
\begin{aligned}
[T]_{\beta}^{\gamma} &= \begin{bmatrix} x_1 a_{11} + x_2 a_{12} + \cdots + x_n a_{1n} \\ x_1 a_{21} + x_2 a_{22} + \cdots + x_n a_{2n} \\ \vdots \\ x_1 a_{m1} + x_2 a_{m2} + \cdots + x_n a_{mn} \end{bmatrix} \\
&= \begin{bmatrix} a_{11} & a_{12} & \cdots & a_{1n} \\ a_{21} & a_{22} & \cdots & a_{2n} \\ \vdots & \vdots & \ddots & \vdots \\ a_{m1} & a_{m2} & \cdots & a_{mn} \end{bmatrix} \begin{bmatrix} x_1 \\ x_2 \\ \vdots \\ x_n \end{bmatrix}.
\end{aligned}
$$

Logo, $[T(u)]_\gamma = [T]_\beta^\gamma [u]_\beta$ ∎

Corolário 4.1.28 *Sejam U, V e W espaços vetoriais de dimensões finitas sobre o mesmo corpo $\mathbb{K}$, β, γ e δ bases ordenadas de U, V e W, respectivamente. Então, dadas transformações lineares $T : U \to V$ e $S : V \to W$, tem-se que*

$$[S \circ T]_\beta^\delta = [S]_\gamma^\delta [T]_\beta^\gamma.$$

Demonstração: Pela proposição anterior podemos escrever as igualdades matriciais

$$\begin{aligned} [S \circ T(u)]_\delta &= [S \circ T]_\beta^\delta [u]_\beta \\ [S \circ T(u)]_\delta &= [S(T(u))]_\delta = [S]_\gamma^\delta [T(u)]_\gamma = [S]_\gamma^\delta [T]_\beta^\gamma [u]_\beta, \end{aligned}$$

para qualquer $u \in U$. Assim, destas igualdades, obtemos

$$\left([S \circ T]_\beta^\delta - [S]_\gamma^\delta [T]_\beta^\gamma\right) [u]_\beta = [0]_\delta$$

para todo vetor $u \in U$. Desta forma, fica evidente que

$$[S \circ T]_\beta^\delta = [S]_\gamma^\delta [T]_\beta^\gamma.$$

∎

Exercícios propostos 4.1.29

1. Determine as representações matriciais $[S]_\gamma^\delta$, $[T]_\beta^\gamma$, $[S \circ T]_\beta^\delta$ e $[T \circ S]_\gamma^\beta$ em que $T : \mathbb{R}^2 \to \mathbb{R}^3$ é a transformação linear, $T(x, y) = (2x + 3y, x - y, x - 3y)$ e $S : \mathbb{R}^3 \to \mathbb{R}^2$ é a transfor-

mação linear, $S(x, y, z) = (x - 2z, z - 3y)$, nas bases ordenadas indicadas.

(a) $\beta = \delta \subset \mathbb{R}^2$ e $\gamma \subset \mathbb{R}^3$ são as bases canônicas;

(b) $\beta = \{(0, 2), (2, 1)\}$, $\gamma = \{(1, 0, 2), (2, 1, -3), (0, 0, 1)\}$ e $\delta = \{(1, 1), (1, -1)\}$.

2. Sejam U um espaço vetorial de dimensão finita sobre o corpo $\mathbb{K}$, β uma base ordenada de U e $\lambda \in \mathbb{K}$ um escalar. Determine a representação matricial da homotetia $H : U \to U$, em que $H(u) = \lambda u$, da base β para a base β.

3. Sejam U um espaço vetorial de dimensão finita sobre o corpo $\mathbb{K}$ e $\beta = \{u_1, u_2, \ldots, u_n\}$ uma base ordenada de U. Determine a representação matricial da aplicação identidade $Id_U : U \to U$ da base ordenada β para a base $\gamma = \{u_n, u_{n-1}, \ldots, u_1\}$ (isto é, a mesma base com a ordem invertida). Qual é a reprentação da identidade quando não trocamos a ordem?

Representação de isomorfismo

Vimos que espaços vetoriais isomorfos possuem a mesma dimensão. O resultado principal dessa subseção, garante que a matriz de representação de um isomorfismo é sempre invertível, quaisquer que sejam as bases com as quais estamos trabalhando. Além disso, existe uma relação simples entre a matriz de representação de um isomorfismo e a matriz de representação da inversa do isomorfismo.

Lema 4.1.30 *Seja $T : U \to U$ um operador linear num espaço vetorial de dimensão n. Prove que $[T]_\beta^\beta = I_n \Leftrightarrow T = Id_U$, em que β é uma base de U e I_n é a matriz identidade de ordem n.*

Demonstração: Suponha que $T = Id_u$. Se $\beta = \{u_1, u_2, \ldots, u_n\}$ então, para cada $i \in \{1, 2, \ldots, n\}$, tem-se

$$T(u_i) = u_i = 0u_1 + \cdots + 0u_{i-1} + 1.u_i + 0u_{i+1} + \cdots + 0u_n.$$

Portanto, $[T]_\beta^\beta = I_n$.

Agora, supondo $[T]_\beta^\beta = I_n$, temos que

$$T(u_i) = 0u_1 + \cdots + 0u_{i-1} + 1.u_i + 0u_{i+1} + \cdots + 0u_n = u_i.$$

Dado $u \in U$ existem escalares $\alpha_1, \ldots, \alpha_n$ tais que

$$u = \alpha_1 u_1 + \cdots + \alpha_n u_n$$

e, portanto,

$$T(u) = \alpha_1 T(u_1) + \cdots + \alpha_n T(u_n) = \alpha_1 u_1 + \cdots + \alpha_n u_n = u.$$

Logo, $T = Id_U$. ■

Proposição 4.1.31 *Sejam $T : U \to V$ uma transformação linear entre espaços vetoriais de dimensões finitas e β e γ bases ordenadas de U e V, respectivamente. Então T é um isomorfismo se, e somente se, a representação $[T]_\beta^\gamma$ é uma matriz invertível. Em particular, se T é um isomorfismo então $[T^{-1}]_\gamma^\beta = \left([T]_\beta^\gamma\right)^{-1}$.*

Demonstração: Suponhamos que T é um isomorfismo e $n = \dim U$. Então, podemos escrever as identidades matriciais

$$I_n = [Id_U]_\beta^\beta, \qquad I_n = [Id_V]_\gamma^\gamma,$$

pois $\dim U = \dim V = n$, tendo em vista que T é um isomorfismo.

Pelas propriedades da representação, temos as igualdades

$$\begin{aligned} I_n &= [Id_U]_\beta^\beta = [T^{-1} \circ T]_\beta^\beta = [T^{-1}]_\gamma^\beta [T]_\beta^\gamma, \\ I_n &= [Id_V]_\gamma^\gamma = [T \circ T^{-1}]_\gamma^\gamma = [T]_\beta^\gamma [T^{-1}]_\gamma^\beta. \end{aligned}$$

Provando que $[T]_\beta^\gamma$ é invertível e sua inversa é $[T^{-1}]_\gamma^\beta$.

Suponhamos agora que $[T]_\beta^\gamma$ é invertível e que $B = [b_{ij}]$ é sua matriz inversa. Como uma matriz invertível é quadrada concluímos que $\dim U = \dim V$.

Suponhamos que $\beta = \{u_1, u_2, \ldots, u_n\}$ e $\gamma = \{v_1, v_2, \ldots, v_n\}$ são bases com o mesmo número de elementos. Consideremos a transformação $S : V \to U$ cujos valores nos vetores da base γ são

$$S(v_j) = b_{1j}u_1 + b_{2j}u_2 + \cdots + b_{nj}u_n.$$

Desta forma, temos a identidade matricial $[S]_\gamma^\beta = B$. Logo, das propriedades da representação de composta de transformações lineares, temos

$$\begin{aligned} [S \circ T]_\beta^\beta &= [S]_\gamma^\beta [T]_\beta^\gamma = B.[T]_\beta^\gamma = I_n = [Id_U]_\beta^\beta, \\ [T \circ S]_\gamma^\gamma &= [T]_\beta^\gamma [S]_\gamma^\beta = [T]_\beta^\gamma.B = I_n = [Id_V]_\gamma^\gamma. \end{aligned}$$

Da unicidade da representação tem-se que $T \circ S = Id_V$ e $S \circ T = Id_U$. Logo T é invertível e, portanto, é um isomorfismo. ■

Exemplo 4.1.32 *A transformação linear $T : \mathbb{R}^2 \to \mathbb{R}^2$, definida por $T(x, y) = (5x - 2y, 3x - y)$ é um isomorfismo linear.*

De fato, considerando a base canônica $\alpha = \{(1,0),(0,1)\}$ de $\mathbb{R}^2$, tem-se que

$$[T]_\alpha^\alpha = \begin{bmatrix} 5 & -2 \\ 3 & -1 \end{bmatrix}.$$

Observe que $\det[T]_\alpha^\alpha = 1 \neq 0$, donde concluímos que T é um isomorfismo, pela proposição (4.1.31).

Além disso, segue-se também da proposição (4.1.31), que

$$[T^{-1}]_\alpha^\alpha = \left([T^{-1}]_\alpha^\alpha\right)^{-1} = \begin{bmatrix} -1 & 2 \\ -3 & 5 \end{bmatrix}$$

Portanto, $T^{-1}(x,y,z) = (-x+2y, -3x+5y)$ é a transformação linear inversa.

Exercícios propostos 4.1.33

1. Verifique se as transformações lineares a seguir são isomorfismos.

   (a) $T : \mathbb{R}^3 \to \mathbb{R}^3$, em que

   $$T(x,y,z) = (x+3y-2z, 2x+5y-7z, -x+2y+3z);$$

   (b) $S : \mathbb{R}_2[t] \to \mathbb{R}^3$, definida por

   $$S(a_0 + a_1 t + a_2 t^2) = (a_0 + 3a_1 - 2a_3, 5a_1 - 7a_2, 3a_2);$$

   (c) $R : \mathbb{C}^3 \to \mathbb{C}^3$, tal que

   $$R(x,y,z) = (ix + y - 2iz, 5y - iz, -x + iz);$$

(d) $L : \mathbb{R}^5 \to \mathbb{C}^3$, em que

$$L(a, b, c, d, e) = (a + ib, c - id, e);$$

(e) $H : \mathbb{R} \times \mathbb{C} \to \mathbb{R}^3$, onde

$$H(a, b + ic) = (a + b, a + c, c);$$

2. Em cada item do axercício anterior, calcule o isomorfismo inverso, se existir.

Mudança de coordenadas

Sejam U um espaço vetorial de dimensão finita, $\beta = \{u_1, \ldots, u_n\}$ e $\gamma = \{v_1, \ldots, v_n\}$ bases de U. Anteriormente definimos a matriz de mudança da base β para a base γ de U como sendo a matriz do operador identidade $Id_U : U \to U$ da base β para a base γ, isto é, a matriz $[Id_U]_\beta^\gamma$. Note que $[Id_U]_\beta^\gamma$ é uma matriz quadrada $n \times n$ em que $n = \dim U$.

Observação: A matriz de mudança da base β para a base γ também é chamada de ***matriz mudança de coordenadas*** da base β para a base γ.

Corolário 4.1.34 *A matriz $[Id_U]_\beta^\gamma$ é invertível e sua inversa é*

$$\left([Id_U]_\beta^\gamma\right)^{-1} = [Id_U]_\gamma^\beta.$$

Demonstração: Segue da proposição anterior, pois a aplicação $Id_U : U \to U$ é um isomorfismo e a sua inversa é ela própria. ∎

Conhecendo uma representação matricial de uma transformação linear, as matrizes de mudança de coordenadas permitem determinarmos todas as outras representações matriciais desta transformação linear.

Proposição 4.1.35 *Sejam $T : U \to V$ uma transformação linear entre espaços vetoriais de dimensões finitas, β_0 e β_1 bases ordenadas de U e γ_0 e γ_1 bases ordenadas de V. Então, as representações matriciais $[T]_{\beta_0}^{\gamma_0}$ e $[T]_{\beta_1}^{\gamma_1}$, guardam a seguinte relação*

$$[T]_{\beta_1}^{\gamma_1} = [Id_V]_{\gamma_0}^{\gamma_1}[T]_{\beta_0}^{\gamma_0}[Id_U]_{\beta_1}^{\beta_0}.$$

Demonstração: Pelos resultados vistos anteriormente, podemos escrever

$$[T]_{\beta_1}^{\gamma_1} = [Id_V \circ T \circ Id_U]_{\beta_1}^{\gamma_1} = [Id_V]_{\gamma_0}^{\gamma_1}[T \circ Id_U]_{\beta_1}^{\gamma_0} = [Id_V]_{\gamma_0}^{\gamma_1}[T]_{\beta_0}^{\gamma_0}[Id_U]_{\beta_1}^{\beta_0},$$

o que conclui a demonstração. ■

Corolário 4.1.36 *Sejam T um operador linear no espaço vetorial U de dimensão finita e β e γ duas bases ordenadas de U. Então as representações matriciais $[T]_{\beta}^{\beta}$ e $[T]_{\gamma}^{\gamma}$ são conjugadas, mais precisamente,*

$$[T]_{\gamma}^{\gamma} = [Id_U]_{\beta}^{\gamma}[T]_{\beta}^{\beta}[Id_U]_{\gamma}^{\beta}.$$

Exercícios propostos 4.1.37

1. Seja $T : \mathbb{R}^2 \to \mathbb{R}^2$ o operador linear definido por

$$T(x, y) = (-3x + 2y, -10x + 6y).$$

Dadas as bases $\beta = \{(1,0),(1,2)\}$ e $\gamma = \{(0,2),(1,1)\}$, determine as matrizes $[T]^{\gamma}_{\beta}$, $[T]^{\beta}_{\beta}$ e $[T]^{\gamma}_{\gamma}$.

2. Em cada item a seguir determine, como no exercício anterior, as matrizes $[T]^{\gamma}_{\beta}$, $[T]^{\beta}_{\beta}$ e $[T]^{\gamma}_{\gamma}$, nas bases dadas.

   (a) $T : \mathbb{R}_2[t] \to \mathbb{R}_2[t]$ é o operador linear definido por

   $$T(p(t)) = p(1).p(t), \quad p(t) \in \mathbb{R}_2[t],$$

   onde $\beta = \{1, t-1, (t-1)^2\}$ e $\gamma = \{1, t, t^2\}$.

   (b) $T : \mathbb{R}^3 \to \mathbb{R}^3$ é definido por

   $$T(x,y,z) = (2x + 2y - 3z, x - 2z, -3y - z),$$

   em que β é a base canônica de $\mathbb{R}^3$ e $\gamma = \{(0,-1,0),(1,2,0),(0,0,1)\}$.

   (c) $T : \mathbb{R}_3[t] \to \mathbb{R}_3[t]$ é o operador linear definido por

   $$T(p(t)) = (a-2b+3d)+(-a+3b+d)t+(c+d)t^2+(6c+7d)t^3,$$

   em que $p(t) = a + bt + ct^2 + dt^3$, β é a base canônica de $\mathbb{R}_3[t]$ e $\gamma = \{1, t-1, t^2, t-t^3\}$.

3. Em cada item dos axercícios 1 e 2, determine uma matriz invertível R tal que

$$[T]^{\gamma}_{\gamma} = R[T]^{\beta}_{\beta}R^{-1}.$$

4. Suponha que a matriz de um operador linear $T : \mathbb{R}^3 \to \mathbb{R}^3$

em relação à base canõnica é dada por

$$\begin{bmatrix} 1 & 1 & 0 \\ 0 & 1 & 0 \\ 0 & 1 & -1 \end{bmatrix}$$

e seja $S : \mathbb{R}^3 \to \mathbb{R}^3$ definido por $S = T^2 + T + I$. Determine a matriz de S em relação à base canônica de $\mathbb{R}^3$. Encontre $S(x, y, z)$, em que $(x, y, z) \in \mathbb{R}^3$.

4.1.4 Autovalores e autovetores

Considere um operador linear $T : U \to U$. Diz-se que um subespaço $W \subset U$ é um ***subespaço invariante*** pelo operador linear T quando $T(W) \subset W$. Neste caso W é chamado de subespaço T-invariante. Isso facilitará a compreensão e o estudo de operadores lineares, tendo em vista que a restrição de T ao subespaço W, denotada por $T_{|_W} : W \to W$, é também um operador linear, possibilitando estudarmos o operador T em subespaços de dimensões mais baixas.

Exemplo 4.1.38 *Claramente os subespaços $\{0\}$ e U são T-invariantes, em que $T \in \mathscr{L}(U, U)$.*

Observação: Seja $T : U \to U$ um operador linear e $W \subset U$ um subespaço T-invariante unidimensional. Tomando um vetor não nulo $w \in W$ tal que $W = [w]$ observamos que, como W é um subespaço T-invariante, temos $T(w) \in [w]$. Desta forma existe $\lambda \in \mathbb{K}$ tal que $T(w) = \lambda w$. Este exemplo motiva a definição seguinte.

Definição 4.1.39 *Seja $T : U \to U$ um operador linear. Diremos que um escalar $\lambda \in \mathbb{K}$ é um* ***autovalor*** *de T quando existe um vetor não nulo $u \in U$ tal que $T(u) = \lambda u$. Neste caso, um vetor não nulo satisfazendo a condição anterior, i.e., $T(u) = \lambda u$ é chamado de um* ***autovetor*** *associado ao autovalor λ.*

O conjunto

$$U_\lambda = \{u \in U \ / \ T(u) = \lambda u\}$$

é chamado de o ***autoespaço*** associado ao autovalor λ. Se U for um espaço vetorial de dimensão finita, chamaremos de ***multiplicidade geométrica de*** λ à dimensão de U_λ.

Observação: O autovalor associado ao mesmo autovetor u é único, isto é, se $u \neq 0$ é tal que $T(u) = \lambda u = \eta u$ então $\lambda = \eta$. De fato, a igualdade $\lambda u = \eta u$ implica que $(\lambda - \eta)u = 0$, ou seja, $\lambda - \eta = 0$.

Observação: Autovalores são comumente chamados de valores característicos ou valores próprios.

Proposição 4.1.40 *U_λ é um subespaço vetorial T-invariante.*

Demonstração: Dados $u_1, u_2 \in U_\lambda$ e $\alpha \in \mathbb{K}$, tem-se

$$T(u_1 + \alpha u_2) = T(u_1) + \alpha T(u_2) = \lambda u_1 + \alpha \lambda u_2 = \lambda(u_1 + \alpha u_2)$$

e, portanto, $U_\lambda \subset U$ é um subespaço. Além disso, se $u \in U_\lambda$, tem-se

$$T(\lambda u) = \lambda T(u) = \lambda(\lambda u)$$

implicando em $T(u) = \lambda u \in U_\lambda$ e, portanto, U_λ é T-invariante. ■

Exercício resolvido 4.1.41 *Seja* $T : \mathbb{R}^3 \to \mathbb{R}^3$ *o operador linear dado por* $T(x, y, z) = (x - y - z, 2y + 3z, 2z)$. *Determine os autovalores de* T*, os subespaços próprios associados e a multiplicidade geométrica de cada autovalor.*

Solução: Observe que, se $\lambda \in \mathbb{R}$ é um autovalor de T, então existe $(x, y, z) \neq (0, 0, 0)$ tal que $T(x, y, z) = \lambda(x, y, z)$, isto é, $(x - y - z, 2y + 3z, 5z) = (\lambda x, \lambda y, \lambda z)$. Isto equivale a resolver o sistema

$$\begin{cases} x - y - z &= \lambda x \\ 2y + 3z &= \lambda y \\ 5z &= \lambda z \end{cases}$$

Observe que as soluções desse sistema linear são $\lambda_1 = 1$ se $y = z = 0$, $\lambda_2 = 2$ se $y \neq 0$ e $z = 0$, e $\lambda_3 = 5$ se $z \neq 0$. Desta forma,

$$\begin{aligned} U_1 &= \{(x, y, z) \in \mathbb{R}^3 \ / \ (x - y - z, 2y + 3z, 5z) = (x, y, z)\} \\ &= \{(x, y, z) \in \mathbb{R}^3 \ / \ y = z = 0 \ \text{ e } \ x \in \mathbb{R}\} \\ &= [(1, 0, 0)]. \end{aligned}$$

Assim, a multiplicidade geométrica de $\lambda_1 = 1$ é 1.

Além disso,

$$\begin{aligned} U_2 &= \{(x, y, z) \in \mathbb{R}^3 \ / \ (x - y - z, 2y + 3z, 5z) = (2x, 2y, 2z)\} \\ &= \{(x, y, z) \in \mathbb{R}^3 \ / \ z = 0 \ \text{ e } \ y = -x\} \\ &= [(1, -1, 0)]. \end{aligned}$$

Portanto, a multiplicidade geométrica de $\lambda_2 = 2$ é 1.

Também,

$$\begin{aligned} U_5 &= \{(x, y, z) \in \mathbb{R}^3 \ / \ (x - y - z, 2y + 3z, 5z) = (5x, 5y, 5z)\} \\ &= \{(x, y, z) \in \mathbb{R}^3 \ / \ z = y = -2x \ \text{ e } \ x \in \mathbb{R}\} \\ &= [(1, -2, -2)]. \end{aligned}$$

Portanto, a multiplicidade geométrica de $\lambda_3 = 5$ é 1.

Observe que $(1, 0, 0)$ é um autovetor associado ao autovalor $\lambda_1 = 1$, que $(1, -1, 0)$ é um autovetor associado ao autovalor $\lambda_2 = 2$ e que $(1, -2, -2)$ é um autovetor associado ao autovalor $\lambda_3 = 5$. □

Exercício resolvido 4.1.42 *Considere o operador do exercício anterior. Determine a matriz de T em relação à base $\beta = \{u_1, u_2, u_3\}$, em que $u_1 = (1, 0, 0)$, $u_2 = (1, -1, 0)$ e $u_3 = (1, -2, -2)$.*

Solução: Veja que

$$\begin{aligned} T(u_1) &= u_1 = 1u_1 + 0u_2 + 0u_3 \\ T(u_2) &= 2u_2 = 0u_1 + 2u_2 + 0u_3 \end{aligned}$$

e

$$T(u_3) = 5u_3 = 0u_1 + 0u_2 + 5u_3.$$

Portanto,

$$[T]_\beta^\beta = \begin{bmatrix} 1 & 0 & 0 \\ 0 & 2 & 0 \\ 0 & 0 & 5 \end{bmatrix}.$$

□

Dado um operador linear $T \in \mathscr{L}(U, U)$ e um escalar qualquer λ, vimos na proposição anterior que o conjunto de vetores u tais que $T(u) = \lambda u$ é um subespaço de U. Observe que este espaço é o núcleo da transformação linear $T - \lambda I_U$.

Teorema 4.1.3 *Sejam U um espaço vetorial de dimensão finita, $T : U \to U$ um operador linear e λ um escalar. Então, λ é um autovalor de T se, e somente se,* $\det([T - \lambda I_U]_\beta) = 0$, *em que β é uma base ordenada qualquer de U.*

Demonstração: Observemos que λ é um autovalor de T se, e somente se, existir um vetor não nulo $u \in U$ tal que $T(u) = \lambda u$. Portanto, λ é um autovalor de T se, e somente se, o núcleo $\text{Nuc}(T - \lambda I_U) \neq \{0\}$, isto é, $T - \lambda I_U$ não é injetiva (portanto não é um isomorfismo).

Assim, se β é uma base ordenada qualquer de U, temos que λ é um autovalor de T se, e somente se, $\det([T - \lambda I_U]_\beta) = 0$. ■

Polinômio característico

Definição 4.1.43 *Seja M uma matriz quadrada de ordem n com coordenadas no corpo $\mathbb{K}$. Diremos que $\lambda \in \mathbb{K}$ é um autovalor de M quando a matriz $M - \lambda I$, em que I é a matriz identidade de ordem n, não for invertível.*

Observação: Note que $\lambda \in \mathbb{K}$ é um autovalor da matriz M se, e somente se, $\det(M - \lambda I) = 0$.

Considere o polinômio $\det(M - tI)$ na variável t. Pela observação anterior os autovalores de M em $\mathbb{K}$ são justamente as raízes deste polinômio em $\mathbb{K}$.

Definição 4.1.44 *Seja M uma matriz quadrada de ordem n com coordenadas no corpo $\mathbb{K}$. Definimos o* ***polinômio característico*** *da matriz M como sendo o polinômio*

$$p_M(t) = \det(M - tI).$$

Observe que $p_M(t)$ é um polinômio mônico de grau exatamente n.

Definição 4.1.45 *Sejam M e N matrizes quadradas de ordem n com coordenadas no corpo $\mathbb{K}$. Diremos que M e N são* ***matrizes semelhantes*** *(ou* ***conjugadas****) quando existir uma matriz invertível R, de orden n, tal que $N = R^{-1}MR$.*

Proposição 4.1.46 *Matrizes semelhantes têm o mesmo polinômio característico.*

Demonstração: Sejam M, N e R como na definição anterior. Então

$$\begin{aligned}
p_N(t) &= \det(N - tI) \\
&= \det(R^{-1}MR - tR^{-1}IR) \\
&= \det(R^{-1}(M - tI)R) \\
&= \det(R^{-1})\det(M - tI)\det R \\
&= \det(M - tI) \\
&= p_M(t).
\end{aligned}$$

∎

Definição 4.1.47 *Sejam U um espaço vetorial de dimensão finita sobre o corpo $\mathbb{K}$ e $T : U \to U$ um operador linear. Definimos o* ***polinômio característico*** *do operador T como sendo o polinômio*

$$p_T(t) = \det([T - tI_U]_\beta),$$

em que β é uma base ordenada qualquer de U.

A proposição anterior (juntamente com o corolário 4.1.36) nos garante que a definição de polinômio característico de um operador não depende da escolha da base ordenada β. Além disso, os autovalores de um operador linear são as raízes de seu polinômio característico. Portanto, um operador linear em um espaço vetorial de dimensão n tem no máximo n autovalores, podendo não ter nenhum.

Exemplos 4.1.48

1. Vamos determinar os autovalores do operador $T : \mathbb{R}^2 \to \mathbb{R}^2$ definido por $T(x, y) = (-x - 4y, 4x + 5y)$.

   Consideremos a base canônica $\alpha = \{(1,0),(0,1)\}$ de $\mathbb{R}^2$. Então

   $$[T]_\alpha = \begin{bmatrix} -1 & -4 \\ 4 & 5 \end{bmatrix}.$$

   Desta forma,

   $$\begin{aligned} p_T(t) &= \det([T - tI]_\alpha) \\ &= \det \begin{bmatrix} -1-t & -4 \\ 4 & 5-t \end{bmatrix} \\ &= t^2 - 4t + 11. \end{aligned}$$

Como este polinômio tem discriminante negativo segue-se que este não tem raízes reais e, portanto, o operador T não tem autovalores.

2. Vamos agora determinar os autovalores do operador $S : \mathbb{C}^2 \to \mathbb{C}^2$ definido por $S(x, y) = (-x - 4y, 4x + 5y)$.

   Como vimos no exemplo anterior,

   $$p_S(t) = t^2 - 4t + 11 = (t - (2 + \sqrt{7}i))(t - (2 - \sqrt{7}i)).$$

   Portanto, os autovalores de S são $\lambda_1 = 2+\sqrt{7}i$ e $\lambda_2 = 2-\sqrt{7}i$.

3. Seja $T : \mathbb{R}^3 \to \mathbb{R}^3$ um operador linear tal que a matriz de T em uma base qualquer de $\mathbb{R}^3$ é a matriz

   $$A = \begin{bmatrix} 3 & 0 & -1 \\ 2 & 1 & 0 \\ 0 & 0 & 1 \end{bmatrix}.$$

   Vamos determinar os autovalores reais de T.

   Observe que,

   $$\begin{aligned} p_T(t) &= \det(A - tI) \\ &= \det \begin{bmatrix} 3-t & 0 & -1 \\ 2 & 1-t & 0 \\ 0 & 0 & 1-t \end{bmatrix} \\ &= -t^3 + 5t^2 - 7t + 3 = (t-1)^2(t-3). \end{aligned}$$

   Portanto, os autovalores de T são $\lambda_1 = 1$ e $\lambda_2 = 3$.

Exercícios propostos 4.1.49

1. Determine, em $\mathbb{R}$ e em $\mathbb{C}$, os polinômios característicos e os autovalores das matrizes abaixo.

   (a) $A = \begin{bmatrix} 2 & -1 \\ -1 & 2 \end{bmatrix}$;

   (b) $B = \begin{bmatrix} 1 & 3 \\ 0 & 0 \end{bmatrix}$;

   (c) $C = \begin{bmatrix} 1 & 3 \\ 2 & 6 \end{bmatrix}$;

   (d) $D = \begin{bmatrix} 1 & -1 & 0 \\ -1 & 2 & -1 \\ 0 & -1 & 1 \end{bmatrix}$;

   (e) $E = \begin{bmatrix} 0 & 1 & 0 \\ 0 & 0 & 1 \\ 1 & 0 & 0 \end{bmatrix}$.

2. Determine os autoespaços e autovetores de operadores lineares cujas matrizes são dadas no exercício anterior. Qual a multiplicidade geométrica de cada autovalor encontrado?

3. Determine os autovalores, os subespaços próprios associados e a multiplicidade geométrica em cada operador linear abaixo.

   (a) $T : \mathbb{R}^4 \to \mathbb{R}^4$, definido por

   $$T(x, y, z, w) = (x - 2y + z, -3y + w, 5z + w, 2w);$$

   (b) $R : \mathbb{R}^3 \to \mathbb{R}^3$, definido por

   $$R(x, y, z) = (2x - 5y, 2y, x - z);$$

(c) $S : \mathbb{R}_2[t] \to \mathbb{R}_2[t]$, definido por

$$S(a + bt + ct^2) = (2a - 5b) + 3bt + (5a + 2c)t^2.$$

(d) $L : M_{2\times 2}(\mathbb{R}) \to M_{2\times 2}(\mathbb{R})$, definido por

$$L\left(\begin{bmatrix} a & b \\ c & d \end{bmatrix}\right) = \begin{bmatrix} a - 2b + c & -3b + d \\ 5c + d & 2d \end{bmatrix}.$$

4. Sabendo-se que λ é um autovalor do operador linear $T : U \to U$ mostre que:

   (a) λ^2 é um autovalor de T^2;

   (b) λ^{-1} é um autovalor de T^{-1};

   (c) $a\lambda + b$ é um autovalor de $aT + bI_U$.

5. Sejam $p(t) = a_0 + a_1 t + \cdots + a_n t^n \in \mathbb{K}[t]$ um polinômio e λ um autovalor de um operador linear $T \in \mathscr{L}(U)$. Mostre que $p(\lambda)$ é autovalor do operador linear $p(T)$, em que $p(T) = a_0 I_U + a_1 T + \cdots + a_n T^n$.

6. Mostre que o polinômio característico da matriz

$$M = \begin{bmatrix} a & b \\ c & d \end{bmatrix}$$

é o polinômio $p_A(t) = t^2 - \mathrm{tr} A.t + \det A$.

Capítulo 5

Diagonalização

No capítulo 4 introduzimos o estudo das funções naturais entre espaços vetoriais, as transformações lineares. Estudamos alguns de seus aspectos tais como: suas representações matriciais, seus autovalores, autovetores, autoespaços associados e o polinômio característico.

Neste capítulo estudaremos um tipo particular de operador linear cuja representação matricial se comporta, em certo sentido, como um escalar, tornando o estudo mais simples.

Exemplo 5.0.1 *Seja $T : \mathbb{K}^3 \to \mathbb{K}^3$, o operador linear definido por*

$$T(x, y, z) = (z, 3x + y - 3z, -2x + 3z).$$

Calculando o polinômio característico obtemos

$$p_T(t) = \det \begin{bmatrix} -t & 0 & 1 \\ 3 & 1-t & -3 \\ -2 & 0 & 3-t \end{bmatrix} = (t-1)^2(t-2).$$

Neste caso, os autovalores de T são $\lambda_1 = 1$ e $\lambda_2 = 2$.

Desta forma, os autoespaços associados à estes autovalores são:

$$U_{\lambda_1} = \{(x,y,z) \in \mathbb{R}^3 \ / \ T(x,y,z) = (x,y,z)\} = [(0,1,0),(1,0,1)]$$

e

$$U_{\lambda_2} = \{(x,y,z) \in \mathbb{R}^3 \ / \ T(x,y,z) = 2(x,y,z)\} = [(1,-3,2)].$$

Observe agora que o conjunto $\beta = \{u_1, u_2, u_3\}$, em que $u_1 = (0,1,0), u_2 = (1,0,1)$ e $u_3 = (1,-3,2)\}$ é uma base ordenada de $\mathbb{R}^3$. Além disso, temos que

$$\begin{aligned} T(u_1) &= T(0,1,0) = u_1, \\ T(u_2) &= T(1,0,1) = u_2 \text{ e} \\ T(u_3) &= T(1,-3,2) = 2u_3. \end{aligned}$$

Portanto,

$$[T]_\beta = \begin{bmatrix} 1 & 0 & 0 \\ 0 & 1 & 0 \\ 0 & 0 & 2 \end{bmatrix}.$$

5.1 Operadores e matrizes diagonalizáveis

Definição 5.1.1 *Seja $T : U \to U$ um operador linear no espaço vetorial de dimensão finita U. Diremos que T é um* ***operador diagonalizável*** *se existir uma base de U formada por autovetores de T.*

Observação: Nem todo operador linear é diagonalizável. Por exemplo, o operador em $\mathbb{R}^2$ do exemplo 4.1.48 não é diagonalizável, pois não tem autovetores.

A justificativa para a nomenclatura da definição anterior decorre da observação a seguir.

Observação: Sejam $T : U \to U$ um operador diagonalizável e $\beta = \{u_1, \ldots, u_n\}$ uma base ordenada de U, formada por autovetores de T. Sejam também $\lambda_1, \ldots, \lambda_n \in \mathbb{K}$, respectivamente, os autovalores associados, isto é, $T(u_i) = \lambda_i u_i$, para todo $i = 1, \ldots, n$. Neste caso, a matriz de T na base β é a matriz diagonal

$$[T]_\beta = \begin{bmatrix} \lambda_1 & 0 & \cdots & 0 \\ 0 & \lambda_2 & \cdots & 0 \\ \vdots & \vdots & \ddots & \vdots \\ 0 & 0 & \cdots & \lambda_n \end{bmatrix}.$$

Observação 5.1.2 *Se γ é uma base ordenada qualquer de U e β é uma base ordenada de U formada por autovetores de T, como na observação anterior. Segue-se dos corolários 4.1.36 e 4.1.34 que*

$$[T]_\gamma = [Id_U]^\gamma_\beta [T]_\beta [Id_U]^\beta_\gamma.$$

em que $\left([Id_U]^\gamma_\beta\right)^{-1} = [Id_U]^\beta_\gamma$ e $[T]_\beta$ é uma matriz diagonal.

A fim de ilustrar essa observação, consideremos o operador linear $T(x, y, z) = (z, 3x + y - 3z, -2x + 3z)$ do exemplo 5.0.1, $\gamma = \{e_1, e_2, e_3\}$ a base canônica de $\mathbb{K}^3$ e $\beta = \{u_1, u_2, u_3\}$, em que $u_1 = (0, 1, 0), u_2 = (1, 0, 1)$ e $u_3 = (1, -3, 2)\}$, a qual sabemos ser uma base de $\mathbb{K}^3$ formada por autovetores de T.

Então, segue da identidade $[T]_\gamma = [Id_U]^\gamma_\beta [T]_\beta [Id_U]^\beta_\gamma$, que

$$\begin{bmatrix} 0 & 0 & 1 \\ 3 & 1 & -3 \\ -2 & 0 & 3 \end{bmatrix} = \begin{bmatrix} 0 & 1 & 1 \\ 1 & 0 & -3 \\ 0 & 1 & 2 \end{bmatrix} . \begin{bmatrix} 1 & 0 & 0 \\ 0 & 1 & 0 \\ 0 & 0 & 2 \end{bmatrix} . \begin{bmatrix} -3 & 1 & 3 \\ 2 & 0 & -1 \\ -1 & 0 & 1 \end{bmatrix}.$$

Definição 5.1.3 *Uma matriz quadrada $A \in M_{n\times n}(\mathbb{K})$ é dita* ***diagonalizável*** *se existirem matrizes $R, D \in M_{n\times n}(\mathbb{K})$, em que R é invertível e D é diagonal, tais que*

$$A = R^{-1}DR.$$

Por exemplo, a matriz $A = \begin{bmatrix} 0 & 0 & 1 \\ 3 & 1 & -3 \\ -2 & 0 & 3 \end{bmatrix}$ é diagonalizável.

Teorema 5.1.1 *Sejam U um espaço vetorial de dimensão finita e $T : U \to U$ um operador linear. Então T é diagonalizável se, e somente se, existe uma base ordenada β de U tal que a matriz $[T]_\beta$ é diagonalizável.*

Demonstração: Claramente, se T é um operador linear diagonalizável, a matriz de T em uma base ordenada qualquer de U é diagonalizável (Observação 5.1.2).

Reciprocamente, suponha que $\gamma = \{u_1, \ldots, u_n\}$ é uma base de U tal que a matriz $[T]_\gamma$ é diagonalizável, isto é, existem matrizes, $R = (r_{ij})$ invertível e D diagonal, tais que

$$D = R^{-1}[T]_\gamma R.$$

Defina $v_j = r_{1j}u_1 + \cdots + r_{nj}u_n$. Como R é invertível, segue-se que $\beta = \{v_1, \ldots, v_n\}$ também é uma base de U. Além disso, $R = [I_U]_\beta^\gamma$. Logo,

$$[T]_\beta = \left([I_U]_\beta^\gamma\right)^{-1} [T]_\gamma [I_U]_\beta^\gamma = D$$

é uma matriz diagonal, donde concluímos que β é uma base de autovetores de T. ■

Observação 5.1.4 *Se $T : U \to U$ é um operador linear diagonalizável e β é uma base ordenada formada por autovetores de T, podemos reordenar os vetores de β de tal forma que a matriz de T na base β é a matriz diagoral*

$$[T]_\beta = \begin{bmatrix} \lambda_1 I_{r_1} & & & \\ & \lambda_2 I_{r_2} & & \\ & & \ddots & \\ & & & \lambda_k I_{r_k} \end{bmatrix}$$

em que I_{r_i} é a matriz identidade de ordem r_i para todo $i = 1, \ldots, k$, $r_1 + \cdots + r_k = \dim U$, e os escalares $\lambda_1, \ldots, \lambda_k$ são todos os autovalores de T, dois a dois distintos. Além disso,

$$p_T(t) = (t - \lambda_1)^{r_1}(t - \lambda_2)^{r_2} \cdots (t - \lambda_k)^{r_k}.$$

Definição 5.1.5 *Sejam U um espaço vetorial de dimensão finita e $T : U \to U$ um operador linear. Se λ é um autovalor de T, definimos a* **multiplicidade algébrica** *de λ como sendo a multiplicidade de λ como raiz do polinômio característico de T.*

Proposição 5.1.6 *A multiplicidade geométrica do autovalor de um* *operador linear é no máximo igual a sua multiplicidade algébrica.*

Demonstração: Seguindo as notações da definição anterior e denotando por m_a e m_g respectivamente as multiplicidades algébrica e geométrica de λ.

Como $m_g = \dim U_\lambda$, existem autovetores $u_1, \ldots, u_{m_g}$ de T, associados ao autovalor λ, os quais formam uma base de U_λ. Pelo teorema do completamento (ver 3.3.2), podemos completar esses vetores à uma base de U. A matriz de T nesta base é da forma

$$[T]_\beta = \begin{bmatrix} \lambda I_{m_g} & A_{m_g \times (n-m_g)} \\ \\ 0_{(n-m_g)\times m_g} & B_{(n-m_g)\times(n-m_g)} \end{bmatrix}.$$

Desta forma, concluímos que o polinômio $(t-\lambda)^{m_g}$ fatora o polinômio característico $p_T(t)$. Portanto $m_g \leq m_a$. ■

Teorema 5.1.2 *Sejam U um espaço vetorial de dimensão finita e $T : U \to U$ um operador linear. Então, T é diagonalizável se, e somente se, seus autovalores $\lambda_1, \ldots, \lambda_k$ são tais que*

$$U = U_{\lambda_1} \oplus U_{\lambda_2} \oplus \cdots \oplus U_{\lambda_k}.$$

Demonstração: Inicialmente, suponhamos que T é diagonalizável, isto é, existe uma base β de U formada por autovetores de T.

Agora, como cada autovetor está associado à algum autovalor de T, vemos que cada elemento de β está contido em algum autoespaço U_{λ_i}. Portanto, a soma de todos os subespaços próprios de T

contém a base β. Logo, vale a igualdade

$$U = U_{\lambda_1} \oplus U_{\lambda_2} \oplus \cdots \oplus U_{\lambda_k}.$$

Reciprocamente, suponhamos que

$$U = U_{\lambda_1} \oplus U_{\lambda_2} \oplus \cdots \oplus U_{\lambda_k}.$$

Então, tomando uma base β_i do autoespaço U_{β_i} para cada $i = 1, \ldots, k$, formamos uma base $\beta = \beta_1 \cup \cdots \cup \beta_k$ de U. Observe que β é uma base de autovetores de T pois cada base β_i é formada por autovetores associados ao autovalor λ_i, com $i = 1, \ldots, k$. Portanto T é diagonalizável. ■

Exercícios propostos 5.1.7

1. Para cada operador abaixo determine, se existir, uma matriz invertível R tal que
$$R[T]_\beta R^{-1}$$
é diagonal.

   (a) $T : \mathbb{R}^3 \to \mathbb{R}^3$, em que
   $$T(x, y, z) = (2x - 5y, 3y, 5x + z);$$

   (b) $T : \mathbb{C}^3 \to \mathbb{C}^3$, definida por
   $$T(x, y, z) = (2x - y, 3y, x + (1 + i)z);$$

   (c) $T : \mathbb{R}^2 \to \mathbb{R}^2$, onde
   $$T(x, y) = (27x - 50y, 15x - 28y);$$

   (d) $T : \mathbb{R}^4 \to \mathbb{R}^4$, tal que
   $$T(x, y, z, w) = (-4x + 10y, -3x + 7y, 3z, 3w).$$

2. Para cada operador do exercício anterior determine, se possível, a decomposição a que se refere o Teorema (5.1.2).

Capítulo 6

Espaços euclidianos

Nos capítulos anteriores, exploramos os conceitos e as propriedades gerais de espaços vetoriais, tais como combinações lineares, conjunto de geradores, bases, dentre outros. Neste capítulo estudaremos espaços vetoriais Euclidianos que são espaços vetoriais reais nos quais noções mais refinadas como distância e ângulos estão presentes.

6.1 Produto interno

Definição 6.1.1 *Seja U um espaço vetorial real (sobre o corpo $\mathbb{R}$). Um* ***produto interno*** *em U é uma função $\langle\ ,\ \rangle : U \times U \to \mathbb{R}$ simétrica, bilinear e positiva definida. Isto é, dados quaisquer $u, v, w \in U$ e $\lambda \in \mathbb{R}$, temos que*

1. $\langle u, v\rangle = \langle v, u\rangle$; *(simétrica)*
2. $\langle u + \lambda v, w\rangle = \langle u, w\rangle + \lambda\langle v, w\rangle$; *(bilinear)*
3. $\langle u, u\rangle > 0 \Leftrightarrow u \neq 0$. *(positiva definida)*

Observação: Usaremos, em geral, o símbolo $\langle\ ,\ \rangle$, omitindo o domínio e o contradomínio. O produto interno também é chamado de ***produto escalar***.

Definição 6.1.2 *Diremos que um espaço vetorial é um* ***espaço Euclidiano*** *quando este for equipado com um produto interno.*

Exercício resolvido 6.1.3 *Mostre que a função*

$$\langle\ ,\ \rangle : \mathbb{R}^2 \times \mathbb{R}^2 \to \mathbb{R},$$

definida por

$$\langle (x_1, x_2), (y_1, y_2) \rangle = x_1 y_1 + 2x_2 y_2,$$

é um produto interno em $\mathbb{R}^2$.

Resolução: Da definição, fica claro que

$$\langle (x_1, x_2), (y_1, y_2) \rangle = \langle (y_1, y_2), (x_1, x_2) \rangle.$$

Também é claro que

$$\begin{aligned}\langle (x_1, x_2), (y_1, y_2) + \lambda (z_1, z_2) \rangle &= \langle (x_1, x_2), (y_1 + \lambda z_1, y_2 + \lambda z_2) \rangle \\ &= x_1 (y_1 + \lambda z_1) + 2x_2 (y_2 + \lambda z_2) \\ &= x_1 y_1 + 2x_2 y_2 + \lambda (x_1 z_1 + 2x_2 z_2) \\ &= \langle (x_1, x_2), (y_1, y_2) \rangle + \lambda \langle (x_1, x_2), (z_1, z_2) \rangle.\end{aligned}$$

Além disso,

$$\langle (x_1, x_2), (x_1, x_2) \rangle = x_1^2 + 2x_2^2 > 0 \Longleftrightarrow (x_1, x_2) = (0, 0).$$

Propriedades 6.1.4 *Se $\langle \ , \ \rangle$ é um produto interno em U, então dados $u, v, w \in U$ e $\lambda \in \mathbb{R}$, tem-se*

1. $\langle u, v + \lambda w\rangle = \langle u, v\rangle + \lambda\langle u, w\rangle$;

2. $\langle u, u\rangle = 0 \Leftrightarrow u = 0$;

3. $\langle 0, u\rangle = 0$

Demonstração: (1) Pela simetria do produto interno segue-se que

$$\begin{aligned}\langle u, v + \lambda w\rangle &= \langle v + \lambda w, u\rangle \\ &= \langle v, u\rangle + \lambda\langle w, u\rangle \\ &= \langle u, v\rangle + \lambda\langle u, w\rangle\end{aligned}$$

(2) Basta observar que esta propriedade segue-se da positividade definida, pela negação da mesma.

(3) $\langle 0, u\rangle = \langle 0 + 0, u\rangle = 2\langle 0, u\rangle$ e, portanto, $\langle 0, u\rangle = 0$. ■

Exemplo 6.1.5 (Produto interno canônico de $\mathbb{R}^n$)

Dados $x = (x_1, \ldots, x_n)$ e $y = (y_1, \ldots, y_n)$ em $\mathbb{R}^n$, a função

$$\langle x, y\rangle = x_1y_1 + \cdots + x_ny_n.$$

é um produto interno em $\mathbb{R}^n$, chamado de ***produto interno canônico*** de $\mathbb{R}^n$.

Exemplo 6.1.6

Se U é um espaço vetorial real de dimensão finita e $\beta = \{u_1, \ldots, u_n\}$ é uma base de U, podemos equipar U com o produto interno canônico relativo à base β da seguinte forma.

Dados $u, v \in U$, sejam $u_\beta = (x_1, \ldots, x_n)$ e $v_\beta = (y_1, \ldots, y_n)$ as coordenadas de u e v na base β, a função

$$\langle u, v \rangle_\beta = x_1 y_1 + \cdots + x_n y_n.$$

é um produto interno em U, chamado de produto interno canônico de U relativo à base β.

Exemplo 6.1.7

Consideremos o espaço vetorial $C^0([a,b], \mathbb{R})$ das funções contínuas no intervalo compacto $[a, b]$ com valores reais. Definimos um produto interno do seguinte modo

$$\langle f, g \rangle = \int_a^b f(x) g(x) dx.$$

A integral acima é a integral de Riemann.

Exercícios propostos 6.1.8

1. Em cada caso, mostre que $\langle \ , \ \rangle$ é um produto interno em U.

   (a) $\langle (x_1, x_2), (y_1, y_2) \rangle = 3x_1 y_1 + 5x_2 y_2$, com $U = \mathbb{R}^2$;

   (b) $\langle (x_1, x_2, x_3), (y_1, y_2, y_3) \rangle = \frac{x_1 y_1}{5} + \frac{x_2 y_2}{3} + \frac{x_3 y_3}{2}$, com $U = \mathbb{R}^3$;

   (c) $\langle x, y \rangle = a_1 x_1 y_1 + \cdots + a_n x_n y_n$, em que $x = (x_1, \ldots, x_n)$, $y = (y_1, \ldots, y_n)$ e $a_i > 0$, $\forall\, i = 1, \ldots n$, com $U = \mathbb{R}^n$;

   (d) $\langle A, B\rangle = tr(AB^t)$, onde $U = M_{n\times m}(\mathbb{R})$.

2. Verifique se as funções $\langle\ ,\ \rangle$ abaixo são produtos internos em U.

   (a) $\langle (x_1, x_2), (y_1, y_2)\rangle = x_1y_1 - x_2y_2$, com $U = \mathbb{R}^2$;

   (b) $\langle (x_1, x_2, x_3), (y_1, y_2, y_3)\rangle = x_1y_1 + x_2y_2 - x_3y_3$, com $U = \mathbb{R}^3$;

   (c) $\langle A, B\rangle = tr(B^tA)$, onde $U = M_{n\times m}(\mathbb{R})$;

   (d) $\langle p(x), q(x)\rangle = p(1)q(1)$, em que $U = \mathbb{R}[x]$;

   (e) $\langle p(x), q(x)\rangle = p(x)q(x)$, no espaço $U = \mathbb{R}[x]$.

3. Se U é um espaço com produto interno $\langle\ ,\ \rangle$, demonstre a seguinte propriedade:

$$\langle v, u\rangle = 0,\ \forall u \in U \Longleftrightarrow v = 0.$$

6.2 Norma

Uma vez que estudamos, na seção anterior, o produto interno, estabeleceremos agora as propriedades básicas dos conceitos de comprimento e ortogonalidade.

Definição 6.2.1 *Seja U um espaço vetorial real. Uma* ***norma*** *em U é uma função com valores não negativos, $\|\ \| : U \to [0, \infty)$, satisfazendo as seguintes propriedades, para quaisquer $u, v \in U$ e $\lambda \in \mathbb{R}$:*

1. $\|u\| = 0 \Longleftrightarrow u = 0$;

2. $\|\lambda u\| = |\lambda|\|u\|$;

3. $\|u+v\| \leq \|u\| + \|v\|$. *(desigualdade triangular)*

$|\lambda|$ significa o valor absoluto no número real λ.

Exemplo 6.2.2 *A função* $\| \ \| : R^2 \to [0, \infty)$ *definida por*

$$\|(x,y)\| = \sqrt{x^2+y^2}$$

é uma norma em $\mathbb{R}^2$.

De fato, observamos que

$$\begin{aligned}
\|(x_1,x_2)+(y_1,y_2)\|^2 &= (x_1+y_1)^2+(x_2+y_2)^2 \\
&= (x_1^2+x_2^2)+(y_1^2+y_2^2)+2(x_1y_1+x_2y_2) \\
&\leq (x_1^2+x_2^2)+(y_1^2+y_2^2)+2\sqrt{(x_1y_1+x_2y_2)^2} \\
&\leq^* (x_1^2+x_2^2)+(y_1^2+y_2^2)+2\sqrt{(x_1y_1)^2+(x_2y_2)^2+(x_1y_2)^2+(x_2y_1)^2} \\
&= (x_1^2+x_2^2)+(y_1^2+y_2^2)+2\sqrt{(x_1^2+x_2^2)(y_1^2+y_2^2)} \\
&= (\|(x_1,x_2)\|+\|(y_1,y_2)\|)^2.
\end{aligned}$$

Portanto, extraindo a raiz quadrada, vale a desigualdade triangular

$$\|(x_1,x_2)+(y_1,y_2)\| \leq \|(x_1,x_2)\|+\|(y_1,y_2)\|.$$

As demais propriedades de norma seguem facilmente.

Observação: Interpretamos o número real $\|u\|$, geometricamente, como o ***comprimento*** do vetor $u \in U$. Essa interpretação pode ser justificada pelo fato de, se $u = (x, y) \in \mathbb{R}^2$, os vetores $(x, 0)$ e $(0, y)$ são as projeções de u sobre os eixos X e Y, como na figura abaixo.

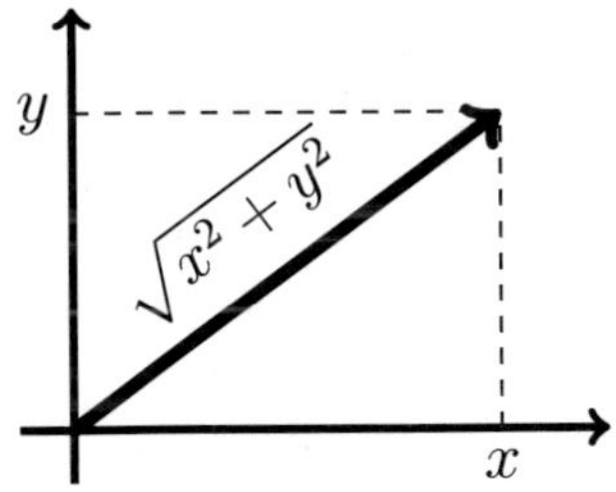

Segue do Teorema de Pitágoras que o comprimento do vetor u é $\sqrt{x^2 + y^2}$. Portanto, considerando a norma do exemplo anterior, o comprimento de u é a norma $\|u\|$.

Definição 6.2.3 *Seja U um espaço vetorial real com norma $\| \ \| : U \to [0, \infty)$. Diremos que um vetor $u \in U$ é **unitário** quando $\|u\| = 1$.*

Proposição 6.2.4 *Seja U um espaço Euclidiano com produto interno $\langle \ , \ \rangle$. Então, a função*

$$\| \ \| : U \to [0, \infty) \text{ definida por } \|u\| = \sqrt{\langle u, u \rangle}$$

é uma norma em U.

Demonstração:

Inicialmente demonstraremos a ***desigualdade de Schwarz***

$$|\langle u, v \rangle| \leq \|u\| \|v\|.$$

Dado $t \in \mathbb{R}$ qualquer, segue da definição de produto interno, que

$$0 \leq \langle tu - v, tu - v\rangle = \|u\|^2 t^2 - 2\langle u, v\rangle t + \|v\|^2.$$

Desta forma, o discriminante deste polinômio em t é não positivo. Isto é,

$$\Delta = 4\langle u, v\rangle - 4\|u\|^2\|v\|^2 \leq 0.$$

Portanto, segue a desigualdade de Schwarz.

Para demonstrar que a aplicação é uma norma, demonstraremos apenas a desigualdade triangular como consequência da desigualdade de Schwarz, deixando os outros itens da definição de norma como exercício. De fato,

$$\langle u + v, u + v\rangle = \|u\|^2 + \|v\|^2 + 2\langle u, v\rangle \leq \|u\|^2 + \|v\|^2 + 2\|u\|\|v\|.$$

Portanto, $\|u + v\|^2 \leq (\|u\| + \|v\|)^2$, implicando em $\|u + v\| \leq \|u\| + \|v\|$. ■

Proposição 6.2.5 (Lei do paralelogramo) *Dada uma norma* $\| \ \|$ *em um espaço vetorial real* U*, induzida por um produto interno* $\langle \ , \ \rangle$ *em* U*, isto é,* $\|u\| = \sqrt{\langle u, u\rangle}$*, tem-se*

$$\|u + v\|^2 + \|u - v\|^2 = 2\left(\|u\|^2 + \|v\|^2\right).$$

Demonstração: Basta desenvolver o primeiro membro, isto é

$$\begin{aligned} \|u + v\|^2 + \|u - v\|^2 &= \langle u + v, u + v\rangle + \langle u - v, u - v\rangle \\ &= 2\langle u, u\rangle + 2\langle v, v\rangle \\ &= 2\left(\|u\|^2 + \|v\|^2\right). \end{aligned}$$

■

Estaremos sempre trabalhando com normas induzidas por um produto interno. Entretanto, chamamos a atenção que nem sempre normas são induzidas por produtos internos. A Lei do paralelogramo nos serve como um critério para saber quando uma norma é induzida ou não. Vejamos um exemplo.

Exemplo 6.2.6 *Se* $u = (x_1, x_2, \ldots, x_n) \in \mathbb{R}^n$*, defina a aplicação*

$$\|\ \| : \mathbb{R}^n \to [0, \infty), \quad por \ \ \|u\| = \max\{|x_i| \ / \ 1 \le i \le n\}.$$

Evidentemente $\|\ \|$ é uma norma em $\mathbb{R}^n$. Entretanto, se $u = (1, 0, \ldots, 0)$ e $v = (0, 1, \ldots, 0)$, temos que

$$\|u + v\|^2 + \|u - v\|^2 = 2$$

e

$$2\left(\|u\|^2 + \|v\|^2\right) = 4.$$

Portanto, não vale a lei do paralelogramo. Logo, esta norma não é induzida por um produto interno.

Exercícios propostos 6.2.7

1. Calcule as normas dos vetores de $\mathbb{R}^2$ abaixo, supondo que tal norma provém do produto interno

$$\langle (x_1, y_1), (x_2, y_2) \rangle = x_1x_2 + y_1y_2.$$

(a) $v = (5, -2)$; (c) $v = (4, -3)$;

(b) $v = (3\sqrt{2}, \sqrt{7})$. (d) $v = (\frac{\pi}{3}, 2\pi\frac{\sqrt{2}}{3})$.

2. Calcule as normas dos vetores de $\mathbb{R}^2$ abaixo, supondo que a mesma provém do produto interno

$$\langle (x_1, y_1), (x_2, y_2) \rangle = 3x_1x_2 + 5y_1y_2.$$

(a) $v = (1, \sqrt{3})$; (c) $v = (3, \frac{16}{5})$;

(b) $v = (-2, \frac{\sqrt{13}}{5})$; (d) $v = (\sqrt{2}, \sqrt{6})$.

3. Supondo que a norma provém do produto interno abaixo, calcule as normas dos vetores de $\mathbb{R}^3$ a seguir, em que

$$\langle (x_1, y_1, z_1), (x_2, y_2, z_2) \rangle = \frac{x_1x_2}{5} + \frac{y_1y_2}{3} + \frac{z_1z_2}{2}.$$

(a) $v = (5, 3, \sqrt{2})$; (c) $v = (0, \sqrt{21}, 6)$;

(b) $v = (1, 1, 1)$; (d) $v = (15, 0, -2\sqrt{2})$.

4. Supondo que a norma provém do produto interno abaixo, calcule as normas dos vetores de $M_{2\times 2}(\mathbb{R})$ a seguir, em que

$$\langle A, B \rangle = tr(AB^t).$$

(a) $A = \begin{bmatrix} 3 & \sqrt{2} \\ 3 & 4 \end{bmatrix}$; (c) $A = \begin{bmatrix} 2 & -3 \\ 1 & -2 \end{bmatrix}$;

(b) $A = \begin{bmatrix} \sqrt{3} & 3 \\ 2 & -3 \end{bmatrix}$; (d) $A = \begin{bmatrix} \pi & 0 \\ 0 & \pi\sqrt{3} \end{bmatrix}$.

6.3 Ângulo e ortogonalidade

A partir da desigualdade de Schwarz, podemos definir ângulo entre dois vetores não nulos em um espaço equipado com um produto interno e, portanto, teremos a ferramenta adequada para decidir (ou definir) quando dois vetores são ortogonais entre si.

6.3.1 Ângulo

Inicialmente, observemos que se U é um espaço vetorial munido de um produto interno $\langle\ \rangle$ e $u, v \in U$ são vetores não nulos, a desigualdade de Schwarz nos dá

$$|\langle u, v\rangle| \leq \|u\|\|v\|$$

e isto significa que

$$-\|u\|\|v\| \leq \langle u, v\rangle \leq \|u\|\|v\|$$

implicando em

$$-1 \leq \frac{\langle u, v\rangle}{\|u\|\|v\|} \leq 1.$$

Além disso, como a função $\cos : [0, \pi) \to [-1, 1]$ é bijetiva, concluímos que existe um número real $\theta \in [0, \pi)$ tal que

$$\cos\theta = \frac{\langle u, v\rangle}{\|u\|\|v\|}.$$

Definição 6.3.1 *O número θ obtido anteriormente é definido como sendo o **ângulo entre os vetores** $u, v \in U$.*

Notações: as notações a seguir serão usadas para designar o ângulo entre os vetores não nulos u e v em um espaço vetorial com produto interno.

$$ang(u, v), \text{ ou } \sphericalangle(u, v).$$

Exemplo 6.3.2 *Consideremos o produto interno canônico em $\mathbb{R}^2$. Dados os vetores $u = (1, 1)$ e $v = (3, 0)$ e tomando $\theta = \sphericalangle(u, v)$ temos que*

$$\begin{aligned} \cos\theta &= \frac{\langle u, v\rangle}{\|u\|\|v\|} = \frac{\langle (1,1), (3,0)\rangle}{\|(1,1)\|\|(3,0)\|} \\ &= \frac{3}{\sqrt{2}\sqrt{9}} = \frac{\sqrt{2}}{2}. \end{aligned}$$

Portanto, $\theta = \frac{\pi}{4}$.

Exercícios propostos 6.3.3

1. Considerando o produto interno canônico em $\mathbb{R}^2$, determine o ângulo entre os vetores abaixo.

   (a) $v = (6, -2)$ e $u = (3, -1)$;

   (b) $v = (2, -1)$ e $u = (-4, 2)$;

   (c) $v = (6, -2)$ e $u = (1, 3)$;

   (d) $v = (4, 3)$ e $u = (3, 5)$.

2. Considerando o produto interno canônico em $\mathbb{R}^3$, determine o ângulo entre os vetores abaixo.

   (a) $v = (2, 1, -1)$ e $u = (1, -1, -2)$;

   (b) $v = (-3, 5, -4)$ e $u = (-2, 2, 4)$;

   (c) $v = (1, 1, 1)$ e $u = (1, 0, 1)$;

   (d) $v = (-1, -1, -1)$ e $u = (-2, -2, 0)$.

6.3.2 Ortogonalidade

Definição 6.3.4 *Sejam U um espaço com produto interno e $u, v \in U$. Dizemos que u e v são* ***ortogonais*** *quando $\langle u, v\rangle = 0$. Usaremos a notação $u \perp v$.*

Exercício resolvido 6.3.5 *Sejam U um espaço com produto interno, $u, v \in U$ com $u \neq 0$ e $\lambda \in \mathbb{R}$. Mostre que o vetor $w = v - \lambda u$ é ortogonal ao vetor u se, e somente se, $\lambda = \frac{\langle v,u\rangle}{\langle u,u\rangle}$.*

Resolução: De fato, inicialmente suponha que $\lambda = \frac{\langle v,u\rangle}{\langle u,u\rangle}$. Então

$$
\begin{aligned}
\langle w, u\rangle &= \langle v - \frac{\langle v, u\rangle}{\langle u, u\rangle} u, u\rangle \\
&= \langle v, u\rangle - \frac{\langle v, u\rangle}{\langle u, u\rangle}\langle u, u\rangle \\
&= 0,
\end{aligned}
$$

provando que os vetores w e u são ortogonais.

Por outro lado, suponhamos agora que os vetores $w = v - \lambda u$ e u são ortogonais. Então

$$
\begin{aligned}
0 = \langle w, u\rangle &= \langle v - \lambda u, u\rangle \\
&= \langle v, u\rangle - \lambda\langle u, u\rangle
\end{aligned}
$$

implicando em $\lambda = \frac{\langle v,u\rangle}{\langle u,u\rangle}$. □

Exercício 6.3.6 *Sejam U um espaço vetorial com produto interno e $V \subset U$ um subespaço de U. Mostre que o conjunto*

$$V^{\perp} := \{u \in U;\ \langle u, v\rangle = 0, \forall v \in V\}$$

é um subespaço vetorial de U*. Além disso, tem-se que* $U = V \oplus V^{\perp}$*.*

Observação: O espaço $V^{\perp}$ é chamado de o ***complemento ortogonal de*** V ***em*** U.

Proposição 6.3.7 *Seja* U *um espaço vetorial com produto interno. Se* $\beta = \{u_1, ..., u_n\} \subset U$ *é um conjunto de vetores ortogonais dois a dois, então* β *é um conjunto LI em* U*.*

Demonstração: Sejam $\alpha_1, ..., \alpha_n \in \mathbb{R}$ tais que

$$\alpha_1 u_1 + \cdots + \alpha_n u_n = 0. \tag{6.1}$$

Fazendo o produto interno deste vetor com u_1, obtemos

$$\begin{aligned} 0 = \langle u_1, 0 \rangle &= \langle u_1, \alpha_1 u_1 + \cdots + \alpha_n u_n \rangle \\ &= \alpha_1 \langle u_1, u_1 \rangle + \alpha_2 \langle u_1, u_2 \rangle + \cdots + \alpha_n \langle u_1, u_n \rangle \\ &= \alpha_1 \langle u_1, u_1 \rangle \end{aligned}$$

pois $\langle u_1, u_j \rangle = 0$, $\forall j = 2, ..., n$. Logo, como $\langle u_1, u_1 \rangle > 0$, obtemos que $\alpha_1 = 0$.

Portanto, a equação 6.1 fica simplificada em

$$\alpha_2 u_2 + \cdots + \alpha_n u_n = 0.$$

Repetindo o procedimento acima com os vetores $u_2, ..., u_n$, obtemos que $\alpha_2 = \cdots = \alpha_n = 0$ concluindo que β é um conjunto LI. ∎

Exercícios propostos 6.3.8

1. Considerando em $\mathbb{R}^3$ o produto interno canônico, verifique se os vetores a seguir são dois a dois ortogonais.

$$u = (1, 0, -1), \ v = (1, \sqrt{2}, 1) \ \text{ e } \ w = (1, -\sqrt{2}, 1).$$

2. Supondo que a norma em $M_{2\times 2}(\mathbb{R})$ provém do produto interno abaixo

$$\langle A, B\rangle = tr(AB^t),$$

verifique se os vetores a seguir são ortogonais

(a) $A = \begin{bmatrix} 3 & -1 \\ 1 & 5 \end{bmatrix}$ e $B = \begin{bmatrix} -1 & 3 \\ 1 & 1 \end{bmatrix}$;

(b) $A = \begin{bmatrix} -\sqrt{3} & 2 \\ 2 & -3 \end{bmatrix}$ e $B = \begin{bmatrix} \sqrt{3} & 2 \\ 1 & 1 \end{bmatrix}$;

(c) $A = \begin{bmatrix} 2 & -3 \\ 1 & -2 \end{bmatrix}$ e $B = \begin{bmatrix} 5 & 2 \\ \pi & 2 \end{bmatrix}$;

(d) $A = \begin{bmatrix} \pi & 0 \\ 0 & 2 \end{bmatrix}$ e $B = \begin{bmatrix} 1 & 2 \\ 3 & -\frac{\pi}{2} \end{bmatrix}$.

6.4 Espaços Euclidianos

Como vimos na definição 6.1.2, um espaço vetorial U é chamado de ***espaço Euclidiano*** quando este for equipado com um produto interno. Nos espaços Euclidianos existem bases especiais, as quais passamos a definir.

Definição 6.4.1 *Uma base ordenada $\beta = \{u_1, u_2, ..., u_n\} \subset U$ é uma* ***base ortogonal*** *do espaço Euclidiano U quando $\langle u_i, u_j\rangle = 0$*

para $i \neq j$. Diremos também que uma base ortogonal β é uma ***base ortonormal*** *quando $\|u_i\| = 1$, $\forall i = 1, ..., n$.*

Exemplo 6.4.2 *A base canônica de $\mathbb{R}^n$ é uma base ortonormal com relação ao produto interno canônico.*

Proposição 6.4.3 *Todo espaço vetorial real U, de dimensão finita, admite uma estrutura de espaço Euclidiano.*

Demonstração: Fixemos uma base ordenada $\beta = \{u_1, u_2, \ldots, u_n\}$ de U e defina o produto interno

$$\langle u, v\rangle_\beta = x_1y_1 + x_2y_2 + \cdots + x_ny_n,$$

em que $u = x_1u_1 + x_2u_2 + \cdots + x_nu_n$ e $v = y_1u_1 + y_2u_2 + \cdots + y_nu_n$. Claramente, essa contrução torna β uma base ortonormal. ■

Exercícios propostos 6.4.4

1. Verifique que os conjuntos a seguir são bases de $\mathbb{R}^3$ e decida se essas bases são ortogonais, com relação ao produto interno canônico.

   (a) $\beta = \{(1,0,0),(0,0,-1),(0,-1,0)\}$;

   (b) $\beta = \{(1,0,1),(0,1,0),(-1,0,1)\}$;

   (c) $\beta = \{(1,2,3),(1,1,-1),(5,-4,1)\}$;

   (d) $\beta = \{(\frac{\sqrt{2}}{2},\frac{\sqrt{2}}{2},0),(\frac{\sqrt{2}}{2},-\frac{\sqrt{2}}{2},0),(0,0,1)\}$.

2. Mostre que os conjuntos a seguir são bases de $\mathbb{R}^3$ e decida se essas bases são ortogonais, com relação ao produto interno

$$\langle (x_1,y_1,z_1),(x_2,y_2,z_2)\rangle = \frac{x_1x_2}{5}+\frac{y_1y_2}{3}+\frac{z_1z_2}{2}.$$

   (a) $\beta = \{(1,0,0),(0,0,-1),(0,-1,0)\}$;

   (b) $\beta = \{(2,0,2),(0,1,0),(-5,0,2)\}$.

3. Nos exercícios anteriores, verifique quais bases são ortonormais.

6.4.1 Ortogonalização de Gram-Schmidt

Todo espaço Euclidiano de dimensão finita possui bases ortogonais e estas são efetivamente calculáveis. O método de construção de uma tal base é chamado de ***processo de ortogonalização de Gram-Schmidt***. Este método é tão importante quanto o resultado em si.

Teorema 6.4.1 *Todo subespaço não trivial V de um espaço Euclidiano U, de dimensão finita, possui uma base ortogonal.*

Demonstração: Começaremos, inicialmente, escolhendo uma base ordenada qualquer $\gamma = \{w_1, w_2, \ldots, w_n\}$ de V e definindo os subespaços V_i, de dimensão i, gerados pelas bases $\gamma_i = \{w_1, w_2, \ldots, w_i\}$, para cada $i = 1, \ldots, n$. Desta forma, vale a cadeia de inclusões próprias

$$\{0\} \subsetneq V_1 \subsetneq V_2 \subsetneq \cdots \subsetneq V_n = V.$$

Definindo $v_1 = w_1$, claramente o conjunto $\beta_1 = \{v_1\}$ é uma base ortogonal de V_1.

Seja agora $v_2 = w_2 - \frac{\langle w_2, v_1 \rangle}{\langle v_1, v_1 \rangle} v_1$. Observe que v_2 está bem definido, pois $\langle v_1, v_1 \rangle > 0$ tendo em vista que $v_1 \neq 0$, e além disso $v_2 \neq 0$ pois, caso contrário, os vetores w_1 e w_2 seriam LD. Logo, segue do exercício resolvido 6.3.5 que $v_1 \perp v_2$ e, portanto, pela proposição 6.3.7, $\beta_2 = \{v_1, v_2\}$ é um conjunto linearmente independente no espaço vetorial de dimensão dois V_2. Portanto, β_2 é uma base ortogonal de V_2.

Suponhamos, como hipótese de indução, que construímos uma base ortogonal $\beta_i = \{v_1, \ldots, v_i\}$ do subespaço V_i. Definimos o vetor

$$v_{i+1} = w_{i+1} - \frac{\langle w_{i+1}, v_1 \rangle}{\langle v_1, v_1 \rangle} v_1 - \frac{\langle w_{i+1}, v_2 \rangle}{\langle v_2, v_2 \rangle} v_2 - \cdots - \frac{\langle w_{i+1}, v_i \rangle}{\langle v_i, v_i \rangle} v_i.$$

Facilmente verificamos que o conjunto

$$\beta_{i+1} = \{v_1, \ldots, v_i, v_{i+1}\}$$

é uma base ortogonal de V.

Desta forma, prosseguindo com essa construção tantas vezes quanto a dimensão de V, obtemos uma base ortogonal de V. ■

Corolário 6.4.5 *Todo subespaço não trivial V de um espaço Euclidiano U, de dimensão finita, possui uma base ortonormal.*

Demonstração:

Segue do teorema de Gram-Schmidt que existe uma base ortogonal $\gamma = \{v_1, \ldots, v_n\}$ de V. Portanto, $\beta = \{\frac{v_1}{\|v_1\|}, \ldots, \frac{v_n}{\|v_n\|}\}$ é uma base ortonormal de V. ■

Exercício resolvido 6.4.6 *Encontre uma base ortonormal do subespaço*

$$V = \{(x, y, z) \in \mathbb{R}^3 \ / \ x - y + z = 0\}.$$

Solução: Observe que $(x, y, z) \in V$ se, e somente se,

$$(x, y, z) = (x, x + z, z) = x(1, 1, 0) + z(0, 1, 1),$$

mostrando que $w_1 = (1, 1, 0)$ e $w_2 = (0, 1, 1)$ formam uma base de V.

Tomemos $v_1 = w_1 = (1, 1, 0)$. Pelo processo de Gram-Schmidt,

$$\begin{aligned}
v_2 &= w_2 - \frac{\langle w_2, v_1\rangle}{\langle v_1, v_1\rangle} v_1 \\
&= (0, 1, 1) - \frac{\langle (0,1,1), (1,1,0)\rangle}{\langle (1,1,0), (1,1,0)\rangle}(1, 1, 0) \\
&= (0, 1, 1) - \frac{1}{2}(1, 1, 0) \\
&= (-\frac{1}{2}, \frac{1}{2}, 1).
\end{aligned}$$

Portanto, $\{(1,1,0),(-\frac{1}{2},\frac{1}{2},1)\}$ é uma base ortogonal de V. Logo, tomando

$$u_1 = \frac{v_1}{\|v_1\|} = \frac{(1,1,0)}{\|(1,1,0)\|} = (\frac{\sqrt{2}}{2},\frac{\sqrt{2}}{2},0)$$

e

$$u_2 = \frac{v_2}{\|v_2\|} = \frac{(-\frac{1}{2},\frac{1}{2},1)}{\|(-\frac{1}{2},\frac{1}{2},1)\|} = (-\frac{\sqrt{6}}{6},\frac{\sqrt{6}}{6},\frac{\sqrt{6}}{3})$$

tem-se que $\beta = \{(\frac{\sqrt{2}}{2},\frac{\sqrt{2}}{2},0),(-\frac{\sqrt{6}}{6},\frac{\sqrt{6}}{6},\frac{\sqrt{6}}{3})\}$ é uma base ortonormal de V. □

Exercícios propostos 6.4.7

1. Em cada caso determine uma base ortonormal do espaço dado.

   (a) $V = \{(x,y,z) \in \mathbb{R}^3 \ / \ y - 3z = 0\} \subset \mathbb{R}^3$;

   (b) $V = \{(x,y,z) \in \mathbb{R}^3 \ / \ 2x - y + z = 0\} \subset \mathbb{R}^3$;

   (c) $V = \{(x,y,z,w) \in \mathbb{R}^4 \ / \ x + y + z = 0 \text{ e } x - y - 2z = 0\} \subset \mathbb{R}^4$.

2. Ortonormalize a base ordenada $\beta = \{1, t, t^2, t^3\}$ de $\mathbb{R}_3[t]$ considerando o produto interno

$$\langle p(t), q(t)\rangle = \int_0^1 p(t)q(t)dt.$$

3. Ortonormalize, pelo processo de Gram-Schmidt, as bases ordenadas abaixo.

   (a) $\beta = \{(1,1),(1,-2)\} \subset \mathbb{R}^2$;

   (b) $\beta = \{(1,0,1),(1,1,0),(0,1,-2)\} \subset \mathbb{R}^3$;

   (c) $\beta = \{(1,2,1),(2,0,2),(4,4,4)\} \subset \mathbb{R}^3$.

Capítulo 7

O teorema espectral

Neste capítulo demonstraremos um importante resultado conhecido como Teorema Espectral para operadores autoadjuntos. Mais precisamente provaremos que operadores autoadjuntos são diagonalizáveis. Para provarmos este teorema, precisamos de alguns resultados preliminares.

7.1 Operador autoadjunto

Definição 7.1.1 *Sejam U um espaço euclidiano de dimensão finita com produto interno $\langle\ ,\ \rangle$ e $T : U \to U$ um operador linear. Diremos que T é um* ***operador linear autoadjunto*** *quando*

$$\langle T(u), v\rangle = \langle u, T(v)\rangle \quad \forall u, v \in U.$$

Exemplo 7.1.2 *O operador linear $T : \mathbb{R}^2 \to \mathbb{R}^2$ definido por*

$$T(x, y) = (2x - 3y, -3x + 5y)$$

é autoadjunto.

De fato,

$$\begin{aligned}\langle T(x,y),(a,b)\rangle &= \langle (2x-3y,-3x+5y),(a,b)\rangle \\ &= (2x-3y)a+(-3x+5y)b \\ &= x(2a-3b)+y(-3a+5b) \\ &= \langle (x,y),(2a-3b,-3a+5b)\rangle \\ &= \langle (x,y),T(a,b)\rangle.\end{aligned}$$

Observação: Note que a matriz do operador acima, em relação à base canônica de $\mathbb{R}^2$, é a matriz

$$\begin{bmatrix} 2 & -3 \\ -3 & 5 \end{bmatrix}$$

a qual é uma matriz simétrica. Veremos a seguir que isso não foi apenas uma coincidência.

Teorema 7.1.1 *Sejam U um espaço euclidiano de dimensão finita e $T : U \to U$ um operador linear. Então, T é um operador autoadjunto se, e somente se, a matriz de T em qualquer base ortonormal de U for simétrica.*

Demonstração: Sejam $\beta = \{u_1, \ldots, u_n\}$ uma base ortonormal de U e $A = (a_{ij})$ a matriz de T nesta base. Sabemos que

$$T(u_r) = a_{1r}u_1 + \cdots + a_{nr}u_n, \quad \forall r = 1, \ldots, n.$$

Desta forma, supondo que T é autoadjunto, temos que

$$\langle T(u_i), u_j\rangle = a_{1i}\langle u_1, u_j\rangle + \cdots + a_{ni}\langle u_n, u_i\rangle = a_{ji}.$$

Por outro lado,

$$\langle u_i, T(u_j)\rangle = a_{1j}\langle u_i, u_1\rangle + \cdots + a_{nj}\langle u_i, u_n\rangle = a_{ij}.$$

Portanto, $a_{ji} = a_{ij}$, para todos $i, j = 1, \ldots, n$, mostrando que A é simétrica.

Reciprocamente, supondo que a matriz $A = (a_{ij})$ na base ortonormal β é simétrica, mostraremos que

$$\langle T(u), v\rangle = \langle u, T(v)\rangle.$$

De fato, tomando

$$u = x_1u_1 + \cdots + x_nu_n$$

e

$$v = y_1u_1 + \cdots + y_nu_n,$$

segue-se que

$$\langle T(u), v\rangle = \langle\sum_{i=1}^{n} x_iT(u_i), \sum_{j=1}^{n} y_ju_j\rangle = \sum_{i=1}^{n}\sum_{j=1}^{n} x_iy_j\langle T(u_i), u_j\rangle.$$

Analogamente,

$$\langle u, T(v)\rangle = \sum_{i=1}^{n}\sum_{j=1}^{n} x_iy_j\langle u_i, T(u_j)\rangle.$$

Portanto, tendo em vista que

$$\langle T(u_i), u_j\rangle = a_{ji} = a_{ij} = \langle u_i, T(u_j)\rangle,$$

concluímos que

$$\langle T(u), v\rangle = \langle u, T(v)\rangle$$

e, portanto, T é autoadjunto. ■

Exercícios propostos 7.1.3

1. Se λ_1 e λ_2 são autovalores distintos de um operador autoadjunto $T : U \to U$, mostre que os autovetores correspondentes são ortogonais.

2. Mostre que o operador linear $T : \mathbb{R}^2 \to \mathbb{R}^2$, dado por $T(x, y) = (-y, x)$ não é autoadjunto.

3. Sejam $T(x, y, z) = (2x + 2z, x + z, x + z)$ um operador linear sobre $U = \mathbb{R}^3$ e $\beta = \{(1, 1, 0), (1, 0, 0), (0, 0, 1)\}$ uma base de U (observe que β não é ortonormal, verifique!). Mostre que a matriz de T na base β é simétrica mas T não é autoadjunto.

7.2 Teorema espectral

Lema 7.2.1 *Todo operador linear autoadjunto $T : U \to U$, definido em um espaço Euclidiano U, possui pelo menos um autovetor.*

Demonstração: A forma mais rápida de demonstrar este resultado é usando o teorema fundamental da álgebra, o qual afirma que polinômios não nulos com coeficientes complexos possuem, pelo menos, uma raíz complexa. Para uma demontração do teorema fundamental da álgebra sugerimos o livro [1].

Seja $p_T(t) \in \mathbb{R}[t] \subset \mathbb{C}[t]$ o polinômio característico do operador T. Então, pelo teorema fundamental da álgebra, existe um número complexo $z_0 \in \mathbb{C}$ tal que $p_T(z_0) = 0$. Isto significa que, em qualquer base β de U,

$$\det([T - z_0 I_U]_\beta) = 0.$$

Portanto, existe um vetor não nulo $u_1 \in U$ tal que $(T - z_0 I_U)(u_1) = 0$. Isto significa que $T(u_1) = z_0 u_1$. Além disso, z_0 é um número real, pois

$$z_0 \|u_1\|^2 = \langle T(u_1), u_1 \rangle = \overline{\langle T(u_1), u_1 \rangle} = \overline{z_0 \|u_1\|^2} = \overline{z_0} \|u_1\|^2,$$

provando que $z_0 = \overline{z_0}$. ■

Teorema 7.2.1 (Teorema espectral) *Seja $T : U \to U$ um operador linear autoadjunto definido no espaço euclidiano de dimensão finita U. Então U possui uma base ortonormal formada por autovetores de T.*

Demonstração: Usaremos indução na dimensão de U.

Quando $\dim U = 1$, segue do lema anterior que o operador T consiste da multiplicação por um escalar, isto é, existe $\lambda \in \mathbb{R}$ tal que $T(u) = \lambda u$, $\forall u \in U$. Desta forma, qualquer vetor unitário de U forma a base ortonormal de U.

Suponhamos que o resultado é verdadeiro em dimensão $n-1$. Mostraremos que este é válido em dimensão n. De fato, seja u_1 um autovetor de T, o qual existe pelo lema anterior, λ o autovalor associado à u_1 e defina W como o complemento ortogonal de u_1.

Isto é

$$W = \{u \in U \ / \ \langle u, u_1 \rangle = 0\}.$$

Afirmação: W é T-invariante.

De fato, dado $u \in W$, temos que

$$\langle T(u), u_1 \rangle = \langle u, T(u_1) \rangle = \langle u, \lambda u_1 \rangle = \lambda \langle u, u_1 \rangle = 0.$$

Portanto, $T(W) \subset W$, mostrando o afirmado.

Logo, T restrito à W é um operador autoadjunto

$$T : W \to W.$$

Como $\dim W = \dim V - 1 = n - 1$, a hipótese de indução garante que W possui uma base ortonormal $\{u_2, \ldots, u_n\}$ formada por autovetores de T. Além disso, cada autovetor v_j é ortogonal à u_1. Assim, $\{u_1, u_2, \ldots, u_n\}$ é uma base ortogonal de U. Normalizando o vetor u_1 obtemos uma base ortonormal de U formada por autovetores de T. ■

Exercícios propostos 7.2.2

1. Seja $T : \mathbb{R}^2 \to \mathbb{R}^2$ o operador linear definido por

$$T(x, y) = (y, x + y).$$

   (a) Mostre que T é um operador autoadjunto;

   (b) Calcule o polinômio característico de T e seus autovalores;

(c) Determine uma base ortogonal de $\mathbb{R}^2$ formada por autovetores de T;

(d) Determine uma base ortonormal de $\mathbb{R}^2$ formada por autovetores de T.

2. Para cada operador linear abaixo, faça o que se pediu no exercício anterior.

(a) $S : \mathbb{R}^3 \to \mathbb{R}^3$ definido por

$$S(x, y, z) = (x, 2z, 2y + 3z);$$

(b) $L : \mathbb{R}^2 \to \mathbb{R}^2$ definido por

$$L(x, y) = (2x + y, x + 2y).$$

Apêndice A

Base de Hamel

Usaremos aqui o Axioma da Escolha na sua versão do Lema de Zorn para demonstrar o Teorema da Base de Hamel, isto é, demonstrar que todo espaço vetorial possui uma base, independentemente se este tem dimensão finita ou infinita.

O Axioma da Escolha, uma das mais importantes ferramentas da matemática, é um princípio que diz que dada qualquer família não vazia de conjuntos é possível escolher um elemento em cada conjunto da família. Com precisão, isto significa que dada uma família não vazia de conjuntos $\mathscr{F} = \{A_\lambda\}_{\lambda \in \Lambda}$ indexada pelo conjunto de índices Λ, existe uma função escolha $f : \Lambda \to \mathscr{F}$ que para cada índice $\lambda \in \Lambda$ associa um elemento $f(\lambda) \in A_\lambda$.

A.1 Ordem parcial e ordem total

Uma relação binária em um conjunto não vazio A é um subconjunto $R \subset A \times A$ do produto cartesiano de A por ele mesmo. Se um par

$(a, b) \in R$ diremos neste caso que o elemento a se relaciona com o elemento b de A. Neste caso escreveremos aRb.

Por exemplo, seja R o subconjunto de $\mathbb{N} \times \mathbb{N}$ formado pelos pares (a, b) tais que a divide b (relação de divisibilidade). Neste caso dizemos que $(a, b) \in R$ quando b for um múltiplo natural de a.

Definição A.1.1 *Uma **relação de ordem parcial** em um conjunto não vazio A é uma relação binária R com as seguintes propriedades:*

1. *Reflexividade: aRa para todo $a \in A$;*
2. *Antissimetria: se aRb e bRa, então $a = b$, para todo a e $b \in A$;*
3. *Transitividade: se aRb e bRc, então aRc, para todo a, b e $c \in A$.*

Por exemplo, se $\mathscr{F} = \{A_\lambda\}_{\lambda \in \Lambda}$ é uma família de conjuntos, então a relação de inclusão $\subset$ é uma relação de ordem parcial.

Outro exemplo de relação de ordem parcial é a relação $\leq$ em $\mathbb{Z}$.

Por analogia, ao exemplo anterior, usaremos o símbolo $\preccurlyeq$ para denotar relações de ordens parciais.

Definição A.1.2 *Uma **relação de ordem total** em um conjunto não vazio A é uma relação de ordem parcial R que satisfaz a lei da tricotomia, isto é, dados quaisquer $a, b \in A$ tem-se exatamente uma das três possibilidades: aRb ou bRa ou $a = b$.*

A relação $<$ em $\mathbb{Z}$ é uma relação de ordem total.

Seja A um conjunto não vazio parcialmente ordenado por $\preccurlyeq$. Um subconjunto não vazio B de A totalmente ordenado será chamado uma ***cadeia*** em A.

Definição A.1.3 *Seja A um conjunto não vazio parcialmente ordenado por $\preccurlyeq$ e B um subconjunto de A. Então:*

1. *$\alpha \in A$ é dito uma* ***cota superior*** *de B se $b \preccurlyeq \alpha$, para todo $b \in B$;*
2. *$\beta \in A$ é dito um* ***elemento maximal*** *de A se para todo $a \in A$ com $\beta \preccurlyeq a$ implicar em $a = \beta$.*

Observação: Se X e Y são conjuntos não vazios, então existem $x \in X$ e $y \in Y$. Logo $(x, y) \in X \times Y$ e, portanto, este é não vazio. Mais ainda, se $\{X_i\}$ é uma família finita de conjuntos não vazios, então é fácil mostrar (por indução, por exemplo) que o produto cartesiano dos X_i é não vazio.

A.2 Axioma da escolha e lema de Zorn

O Axioma da Escolha é a generalização da observação anterior para famílias arbitrárias de conjuntos não vazios.

Axioma da Escolha Seja $\mathscr{F} = \{A_\lambda\}_{\lambda \in \Lambda}$ uma família de conjuntos não vazios em que $\Lambda \neq \varnothing$. Então, existe uma função escolha $f : \Lambda \to \mathscr{F}$ que, para cada índice $\lambda \in \Lambda$, associa um elemento $f(\lambda) \in A_\lambda$. De outro modo:

O produto cartesiano de conjuntos não vazios é não vazio.

Existem inúmeras faces do axioma da escolha. Uma delas, das mais úteis em matemática, é o Lema de Zorn.

Lema de Zorn: Se X é um conjunto parcialmente ordenado tal que toda cadeia em X tem uma cota superior, então X contém um elemento maximal.

A.3 Base de Hamel

Uma consequência (e de fato uma necessidade) do Axioma da Escolha é a de que todo espaço vetorial possui uma base, isto é, um conjunto de geradores linearmente independente. Este fato é quase sempre omitido dos alunos em cursos introdutórios e até mesmo avançados de álgebra linear.

Observamos que nem todo espaço vetorial possui uma base finita. Por exemplo, o espaço vetorial real $\mathbb{R}[x]$, formado por todos os polinômios na indeterminada x com coeficientes reais. Com efeito, se $p_1(x), \ldots, p_n(x) \in \mathbb{R}[x]$ com *grau* $p_i(x) = N_i$, para todo $i = 1, \ldots, n$, e $\lambda_1, \ldots, \lambda_n \in \mathbb{R}$ então o polinômio $P(x) = \lambda_1 p_1(x) + \cdots + \lambda_n p_n(x)$ tem grau no máximo igual a $N = \max\{N_1, \ldots, N_n\}$. Assim, se $g(x) = x^{N+k}$ com $k > 0$, este nunca será gerado pelos polinômios $p_1(x), \ldots, p_n(x)$. Portanto, uma base de $\mathbb{R}[x]$ será sempre infinita. Sem dificuldades podemos observar que o conjunto $\{1, x, x^2, \ldots\}$ forma uma base de $\mathbb{R}[x]$.

Sabemos que todo espaço vetorial finitamente gerado possui uma base (ver 3.2.1). Entretanto, não sabemos em geral se todo espaço vetorial possui base. Este é o conteúdo do teorema a seguir.

Teorema A.3.1 (de Hamel) *Seja V um espaço vetorial não nulo sobre um corpo $\mathbb{K}$. Então, V tem uma base.*

Demonstração: Seja S a família de todos os subconjuntos linearmente independentes de V, isto é,

$$S = \{\beta \subset V;\ \beta \text{ é linearmente independente}\}.$$

Como V é um espaço não nulo, existe um vetor não nulo $v \in V$. Desta forma o conjunto unitário $\{v\}$ é linearmente independente, e, portanto, S não é vazio.

Consideremos em S a relação de ordem parcial de inclusão. Se $T \subset S$ é uma cadeia, defina $A = \bigcup_{B \in T} B$. Observe que $B \subset A$, para todo $B \in T$, portanto, para que A seja uma cota superior de T em S, basta mostrarmos que A é um conjunto linearmente independente.

Admita por um momento que já tenhamos provado que A é um conjunto linearmente independente, isto é, A é uma cota superior de T em S. Então, pelo Lema de Zorn, S possui um elemento maximal $\mathfrak{m}$.

Afirmação: $\mathfrak{m}$ é uma base de V.

De fato, como $\mathfrak{m} \in S$, temos gratuitamente que $\mathfrak{m}$ é linearmente independente. Basta mostrarmos agora que $\mathfrak{m}$ gera V.

Seja $v \in V$. Se $v \in \mathfrak{m}$ nada teremos à demonstar. Suponhamos que $v \in V \setminus \mathfrak{m}$. Como $\mathfrak{m} \subset \mathfrak{m} \cup \{v\}$ e $\mathfrak{m}$ é maximal, segue-se que $\mathfrak{m} \cup \{v\}$ não é linearmente independente. Portanto, existem vetores $v_1, ..., v_k \in \mathfrak{m}$ e escalares $b, \lambda_1, ..., \lambda_k \in \mathbb{K}$ tais que

$$bv + \lambda_1 v_1 + ... + \lambda_k v_k = 0,$$

em que b é não nulo e $\lambda_1, ..., \lambda_k$ não são todos nulos.

Observação: Se $b \in \mathbb{K}$ fosse sempre nulo teríamos que $\mathfrak{m} \cup \{v\}$ seria linearmente independente, contrariando a maximalidade de $\mathfrak{m}$.

Logo, $v = -\frac{\lambda_1}{b} v_1 - ... - -\frac{\lambda_k}{b} v_k$, e portanto, é gerado por elementos de $\mathfrak{m}$. Assim, $\mathfrak{m}$ gera V. Neste caso $\mathfrak{m}$ é uma base de V.

Para encerrarmos, basta mostrarmos que $A = \bigcup_{B \in T} B$ é linearmente independente. Sejam $v_1, \ldots, v_k \in A$ quaisquer e $\lambda_1, \ldots, \lambda_k$ escalares tais que

$$\lambda_1 v_1 + \cdots + \lambda_k v_k = 0.$$

Como $v_i \in A$, existe $B_i \in T$ tal que $v_i \in B_i$. Como T é totalmente ordenado (pois é uma cadeia), existe $i_0 \in \{1, \ldots, k\}$ tal que $B_i \subset B_{i_0}$, para todo $i = 1, \ldots, k$. Logo, $v_i \in B_{i_0}$, para todo $i = 1, \ldots, k$. Portanto, como B_{i_0} é linearmente independente, temos que $\lambda_1 = \cdots = \lambda_k = 0$. ■

Referências

[1] Artin, Michael, *Algebra*. Prentice Hall, Massachusetts Institute of Technology, 1991.

[2] Rose, Harvey E., *Linear Algebra - A Pure Mathematical Approach*. Birkäuser Basel, 2002.

[3] Hoffman, Kenneth and Kunze, Ray, *Linear Algebra*. Prentice-Hall, Inc. Englewood Cliffs, New Jersey, 1971.

[4] Lima, E. L., *Álgebra Linear*. Coleção Matemática Universitária, IMPA, CNPq, Rio de Janeiro, 1995.

Índice remissivo

Impressão e acabamento
Gráfica da Editora Ciência Moderna Ltda.
Tel: (21) 2201-6662